大学物理教学方法与创新实践研究

谭立超 著

中国商业出版社

图书在版编目（CIP）数据

大学物理教学方法与创新实践研究 / 谭立超著. 北京 : 中国商业出版社, 2024. 10. -- ISBN 978-7-5208-3188-8

Ⅰ. 04-42

中国国家版本馆CIP数据核字第2024SY2043号

责任编辑：许启民

策划编辑：武维胜

中国商业出版社出版发行

（www.zgsycb.com　100053　北京广安门内报国寺1号）

总编室：010-63180647　编辑室：010-83128926

发行部：010-83120835/8286

新华书店经销

廊坊市旭日源印务有限公司印刷

*

787 毫米×1092 毫米　16 开　9.25 印张　137 千字

2024 年 10 月第 1 版　2024 年 10 月第 1 次印刷

定价：55.00元

* * * *

（如有印装质量问题可更换）

PREFACE
前　言

在这个知识爆炸的时代，物理学作为一门基础学科，其重要性不言而喻。然而，传统的教学方法往往难以满足现代学生的学习需求，尤其是在大学阶段，学生需要更深层次的理解能力和更广泛的应用能力。《大学物理教学方法与创新实践研究》这本书正是为了解决这一问题而撰写的。

本书旨在探索和实践更有效的大学物理教学方法，以激发学生的学习兴趣，提高他们的科学素养和创新能力。本书认为，教学不仅是知识的传授，更是一种引导学生思考、探索和实践的过程。因此，本书深入研究了国内外大学物理教学的先进理念和实践经验，并结合我国高等教育的实际情况，提出了一系列创新的教学模式和策略。这些方法不仅有助于学生更好地理解物理学的基本原理，而且能够培养他们的批判性思维、解决问题的能力以及团队合作精神。

本书共分为八章，首先介绍了大学物理教学的基础知识，然后详细阐述了大学物理课堂的教学目标、教学方法、实验教学模式以及分层次教学、翻转课堂教学、混合式教学等创新型教学模式，并探讨了大学物理教学中对学生创新能力的培养。

我们希望本书能够成为大学物理教师和教育工作者的有益参考，同时也希望能够激发广大学生的学习热情，帮助他们在物理学的海洋中遨游，探索未知，实现自我价值。

最后，我们相信，通过我们的共同努力，大学物理教学将更加生动、有效，学生的创新能力和科学素养将得到更大的提升。

CONTENTS

目 录

第一章 大学物理教学概述

第一节 中国物理教育的起源

一、物理教育的萌芽

物理现象是自然界发生的最为普遍的现象之一。它时刻伴随且影响着人类的生产和生活活动，与人们的生产生活实践息息相关。比如火的发明和利用、工具的制造、兽力和各种自然力的利用、手工业的发展和技术的进步等，这些都蕴含着物理知识。

在使用这些物理知识的同时，人类为了维持生存，还进行了许多经验交流与传承活动。他们或是互相探讨，或是口耳相传，或是著书立说。在这些交流和传承活动中，物理知识也得到了传播，这实质上就是物理教育的萌芽。

值得注意的是，这个萌芽并不意味着真正物理教育的产生，因为这个时期各个门类的知识还不可能从经验中分离出来，也不可能产生并分化出专门的教育。

二、中国古代的物理教育

（一）中国古代物理教育的主要特征

中国是具有悠久历史的文明古国，中华民族是勤劳智慧的民族。早在古代，中国人民就用自己的聪明才智创造出了光辉灿烂的古代文化和科学技术，同时涌现出众多哲人、科学家、发明家和大批的能工巧匠。他们不仅促进了中国古代的手工业和文化艺术的发展，还在一个相当长的历史时期内使中国的科学技术处于世界领先地位，在生产和生活实践中积累了大量的物理知识。除此之外，人们利用实验手段自觉地探索物理规律，形成了各种观点和学说，通过著书立说，以文字的形式在一些哲学和科学著作中对物理知识进行记录和描写。《墨经》《考工记》《论衡》等著作就是这方面的代表作和例证。从严格意义上讲，中国古代并没有形成科学的、真正意义上的物理知识，更谈不上形成独立的物理学科及学科体系。人们的物理知识只是结合生产、生活经验和技术，对物理现象的经验性的感性认识，并停留在对物理现象的定性描述阶段，有关物理方面的论述也只是零散地分布于不同著作之中。尽管如此,我国古代人民在他们所处的时代,结合具体的生活实践和生产技术观察,描述了涉及力学、声学、热学、光学和电磁学等多方面的物理知识,并且这些认识在当时都处于世界科技发展水平的领先地位,促进了人类文明的进步和发展,也为物理学科的发展作出了一定的贡献。

综上所述,中国古代人民在生活和生产活动实践中,在创造出灿烂的古代文化、促进科技发展的同时,认识并产生了丰富的物理知识。此阶段的物理知识没有也不可能形成完整的学科知识体系,主要表现为人们在生产和生活实践过程中对物理现象的观察和定性描述,其主要特征表现在两个方面。

第一,中国古代的物理知识与人们的生活和生产实践密切结合,还没有从生产、生活实践及手工业技术中分化出来,具有极强的功用性。

第二,虽然中国古代的物理知识涉及面比较广,也存在相当数量的关于物理的著作,但是大多数物理知识只是人们对物理现象直接观察的感性认识和描述,缺乏具体的分析和科学的论证,也没有应用科学的研究方法,理论探讨浮浅且论述不系统,未能使物理学形成一门学科。

(二)中国古代物理教育的传播方式与途径

中国古代的学校教育虽然有一定的发展,但是在封建社会中,由于受私学和科举制度的束缚,学校教育重古文经史,轻自然科学,并且物理学在当时未形成独立的学科体系,所以真正意义上的学校物理教育还没有形成。不过,这一时期的物理教育也有其独特的方式和途径。①

第一,中国古代的物理教育通过手工业科技教育传授。不管人们是否意识到,手工业的生产技术都广泛地运用了物理知识。因此,人们在传授具体生产知识和手工业技术的同时,也传授着其中的物理知识。古代传授具体生产知识和手工业技术的主要形式是家业世传和学徒制,因此物理教育的显著特点表现为:言传身教,即师父在实践活动中做示范,一边干活一边教学,学徒一边干活一边学习;通过实践活动掌握所学内容,即在传授具体生产知识和手工业技术的过程中不自觉地进行着物理教育。

第二,中国古代的物理教育通过著书立说和制作实物传授。中国古代的许多著作里都蕴含着丰富的物理知识,如《墨经》《考工记》《梦溪笔谈》等。除此之外,中国古代人民发明、制造了大量的科学仪器和实用的生产、生活工具,如浑天仪、地动仪、记里鼓等,它们都是根据一定的物理原理制成的。因此,随着各种书籍、学说和实物的流传,物理知识也被广泛传播。

①刘婷婷,刘甲.大学物理教学理论与实践[M].上海:上海交通大学出版社,2023.

第三，中国古代的物理教育通过举办私学和聚徒讲学传授。私学产生于春秋时期，学有专长的士子举办私学、招收弟子，在他们的讲学中也包含物理知识的内容。例如，《墨经》中包含力学、声学和光学方面的物理知识。在讲学的同时，墨家学派便对弟子进行了物理教育。又如，明末清初的思想家颜元，在其主持的漳南书院中，曾设有水学、火学等科目。

上述传授物理知识的三种途径都是当时历史条件下的产物，它们的共同特点是：物理教育寓于其他具体生产知识和手工业技术的传授过程之中，并且时断时续，缺乏连贯性和系统性，往往是不自觉地进行着物理教育。从严格意义上讲，这些还不是真正的物理教育，只能看成物理教育的孕育过程。

第二节　大学物理教学的理论框架

学习应该一以贯之，这样所学的知识才能形成体系。如何做到这一点？梳理结构、打造框架，让知识系统化。这样做不仅能够让学习者看到知识全貌，得到新的思考，有利于知识的消化和吸收，还能提高学习效率。就像樵夫运柴，如果一次只能捡两三根柴回家，那么需要来回无数趟才能把砍好的柴捡回家。但如果用一根绳子将零散的柴捆起来，就能一次性把所有柴背回家。

本节从运动学和动力学的视角对物理理论的结构框架进行探讨，同时探讨了它在学习和研究中的意义以及在教学实践中的应用等问题。

一、物理理论的结构框架及其作用

(一)物理理论的结构框架

物理理论体系的基本框架往往由运动学和动力学两个部分组成。运动学一般引入物理量来描述研究对象，并给出这些量之间的关系，而动力学则是从实践中总结出定律，由定律解释这些物理量是如何变化的。以质点力学为例，在质点运动学中引入位置、速度、加速度、能量、动量和角动量等物理量来描述质点的运动，并给出了这些物理量之间的关系；在质点动力学中，牛顿定律解释了这些物理量是如何变化的，对由牛顿第二定律所得到的加速度积分就可以知道速度和位置是如何随时间变化的，再由这些物理量之间的关系，就可以知道能量、动量和角动量是如何随时间变化的。搞清楚描述质点的这些物理量和它们是如何变化的，质点运动的问题也就能被描述清楚了。其他理论中一般没有相应的运动学和动力学的称呼，但往往都可以划分出运动学部分和动力学部分。

物理量是人为引入的，不同的物理量具有不同的特点，解决问题的方便程度也不一样。在漫长的物理学发展过程中，不同的人研究相同的问题时所引入的物理量也不完全相同。那些有独特优势、便于解决问题的物理量逐渐被人们普遍采用，如动量、能量和角动量等。给出物理量之间关系的方式如下。

第一，由物理量的定义直接得出。如位置、速度与加速度之间的积分和微分关系，速度与动量之间的关系，速度与动能之间的关系，位置和速度与角动量之间的关系等。

第二，选取一个特殊的无穷小路径、无穷小面积或者无穷小体积等，利用无穷小概念的优势来推导出物理量之间的关系。例如，电势与电场强度之间的梯度关系、欧姆定律的微分形式、极化强度矢量与极化电荷面密度之间的关系以及磁化强度矢量与磁化电流面密度之间的关系等。

解释这些物理量如何变化的定律是由实践总结而来的，它反映了客观世界的运行规律。但毕竟这些定律是由人们总结出来的，由于客观物质条件的限制和人们的认识存在一定的历史局限性，因此这些定律与客观实际之间不可避免地存在一定偏差。随着物理技术手段的不断提高，人们的实践活动也逐步深入，与这些定律不相符的现象就可能会出现，人们就需要提出新的假说，新的假说经得起实践的检验就成为新的定律。可见定律的发展是一个逐渐逼近客观真理的过程，正如狭义相对论指出牛顿定律是物体在低速情形下的近似理论一样。

（二）物理理论的结构框架在学习和研究中的作用

知识不应该是零散的，应该是系统性的，构建理论结构框架就是将知识系统化的一个重要方法。在学习一个理论时，搞清楚它引入哪些变量来描述研究对象，这些变量之间的关系是什么以及能解释这些变量如何变化的定律是什么，所学理论的基本轮廓就清晰了，这对于学习者来说是非常重要的，否则就成了盲人摸象。在将知识系统化的过程中所进行的思考也非常有利于对知识的消化和吸收，因而知识系统化的过程同时也是知识被消化和吸收的过程。即便不是研究物理学，也可以效仿物理学的这一理论结构框架来分析问题，即引入变量来描述研究对象并给出它们之间的关系，之后由实践总结出假说（经得住实践检验的就是定律）解释这些变量是如何变化的，从而将所要研究的问题描述清楚。

二、理论结构框架在大学物理教学中的具体实践

由于理论结构框架是将知识系统化的一个重要方法，并对知识的消化和吸收

起重要作用,在素质教育的大环境中,它应该在大学物理教学中得到广泛的应用。这里列举两个比较典型的案例,介绍在大学物理教学实践中的几点体会。①

(一)理论结构框架的教学案例

案例一:用理论结构框架分析大学物理中所讲的量子力学。在量子力学中没有“量子运动学”和“量子动力学”这样的名称,但在量子力学中可以划分出运动学部分和动力学部分。波函数、力学量的算符表示和状态叠加原理属于量子力学的运动学范畴,这部分内容给出了量子力学研究问题所引入的物理量和它们之间的关系。薛定谔方程则属于量子力学的动力学部分,它解释了波函数是如何随时间变化的,由于各个力学量的平均值是由力学量算符作用在波函数上得到的,因此了解清楚波函数是如何变化的,也就能明白各个力学量是如何变化的。

案例二:用该理论结构框架分析大学物理中所讲的电磁学。虽然在电磁学中没有“电磁运动学”这样的名称,但电磁学中有运动学部分。比如,在电磁学中为描述电磁场所引入的物理量:电场强度矢量、电势、电位移矢量、磁感应强度矢量、磁场强度矢量、极化强度矢量和磁化强度矢量等。又如,电场强度矢量与电势之间的积分和微分关系、电场强度矢量与电位移矢量的关系、磁感应强度矢量与磁场强度矢量的关系等,这些物理量之间的关系都在电磁学中有明确表述,上述内容构成了电磁学的运动学部分。麦克斯韦方程组是电磁学的动力学部分,它可以解释这些物理量是如何变化的。

(二)大学物理教学实践中要注意的问题

第一,用该理论结构框架将所讲授的知识联系起来。学习知识要有系统性,讲授知识同样需要系统性,在大学物理教学实践中,需要将知识的内在联系挖掘出来,所以理论结构框架也是教师将所讲知识系统化的一个重要方法。

第二,知识之间的承接和转换是将知识系统化的关键步骤,在这一步骤中应用该理论结构框架将会收到非常好的效果。

第三,采用引导的方式进行教学。在讲清楚该理论结构框架的内涵之后,应该采用引导的方式进行教学。例如,学生在学习一门新理论时,能不能思考以下问题:该理论引入了什么变量来描述研究对象?这些变量之间的关系是什么?哪个定律能解释这些变量是如何变化的?如果学生能进行这样的思考,其脑海中就能形成清晰的轮廓,学习也就不再是简单地被动接受知识的过程。

将理论结构框架应用于教学中,可以使教师所讲授的知识具有系统性,使知识之间的承接和转换变得顺畅。在提倡素质教育的大环境下,大学物理的教学不应

①高路.大学物理实验教学研究[M].北京:冶金工业出版社,2023.

该只讲知识而不讲思考方法，该理论结构框架可以像一个分析工具一样被各位教师在教学中采用，被广大学生了解，并应用于学习和研究中。

第三节 大学物理的学科地位

关于大学物理课程的地位和作用的各种论述，多是从物理与技术、物理与社会发展的关系角度切入的，其立场和价值取向多为知识本位和社会本位。本节则从个人本位的视角来探讨在知识经济和信息社会的时代背景下，大学物理课程在高等教育中对人的发展应该承担的责任。

高等教育及其课程的三种价值取向：社会本位、知识本位和个人本位。其中社会本位是前提，知识本位是条件，个人本位是目的。培养人、完善人、成就人的全面发展是大学及其课程的最高使命。无论是追求高深的学问，还是为社会发展服务，都应围绕人的全面发展进行。这种观点是人本视角研究的基本立场和出发点。

一、课程定位的历史沿革和现状

大学物理是中国高等院校中理工科类非物理专业的基础课，是高等院校中科学类课程的典型代表。该课程在中国高等教育中的引入，可以一直追溯至中国近代高等教育的起源时期。19世纪末，在“中学为体，西学为用”的思想指导下，引进了西方的科学类课程。1952年以前，中国的高等院校大体上借鉴当时美国的高等院校的课程设置方式，如工、医、农等专业都开设一年的物理基础课，此时课程有着一定的通识教育内涵。1952年之后，物理基础课随专业教育的不同需要而出现分化，课程学时从180小时到110小时，再到80小时不等，物理教育整体上逐渐呈现不断被弱化、不被重视的尴尬局面。

物理课程在大学教育中的地位和作用如何呢？学术界比较统一的看法是：大学物理课程兼有物理基础知识教育和科学素质教育两种基本作用，是后续专业课程的基础，具体如下。

从课程引入的出发点——功利主义的视角来看：物理学为自然科学和工程技术提供了理论依据、工作语言、思维方法和实验手段，是科学技术进步和创新的源泉。无论是从知识的发展和创新（知识本位的价值取向）、利用科技增强国家综合实力、推动社会发展（社会本位的价值取向）的角度，还是从人的发展、提高人的科学素质（人本位的价值取向）角度，物理学都是有用的。

从课程设置的定位——必修基础课来看：物理课程在大学本科大部分专业中具有不可或缺的基础地位，这一点在本科人才培养方案中基本上是强制性的规定。课程体系的纵向层级结构（基础课、专业基础课、专业课）中，物理学处于基础课层次，是后续课程的基础。

从课程的历史和现实状况来看，在看重通识教育、更着眼未来发展的精英教育阶段，基础课程不如专业课程重要，它只是为专业课程服务的工具，或者只是获得学分的工具。在大众化教育的今天，这种观点在学生中很有市场，可见，物理学课程实际上处于不太被专业教育和学生认同的尴尬地位。

回顾大学物理课程的发展脉络，可以看出功利主义对课程的深刻影响。随着功利主义倾向的不同转换，从社会功利到专业之功利，再到狭隘的一己私利，物理学课程的现实地位不断下降，虽然历经课程内外多次改革，也难以摆脱现实的尴尬境况。究其原因，这种状况既可能与课程自身因素有关，也可能与高等教育模式和现实人才培养方案相关。①

二、中国高等教育模式和现行人才培养方案面临的挑战

中国现代大学诞生于清末民初，经历了百余年的发展历程。其间，影响中国的高等教育模式大致可以归结为两种：一是美国通识教育模式；二是苏联的专才教育模式。1952年之前以美国的通识教育模式为主导；1952年至今，基本上以苏联的专才教育模式为主导。虽然从20世纪末开始，在中国部分高校进行了一些局部的通识教育模式改革，但改革效果有限。中国目前的高等教育模式依然是专才教育模式。社会功利主义的价值取向在大学发展进程中一直占据重要地位，这种价值取向适应了20世纪中国发展的需要。从精英高等教育直至大众化高等教育，百余年高等教育为中国的人才培养事业，为中国科技进步、国力增强作出了巨大贡献。

21世纪，中国的高等教育面临巨大挑战，需要真正地触及教育本源问题的改革，如教育理念、教育体制、教育模式等的改革。现行的专才高等教育模式和相应的人才培养方案还不能适应未来发展的需要。因此要从多维角度进行思考，使历史的、人的逻辑和工具的、物的逻辑在对立中走向统一，建立起以社会本位为前提、以知识本位为条件、以人本位为目的的正确价值取向，让成就人的全面发展成为大学的最高使命，让大学教育在学生的成长过程中发挥其应有的关键作用，以促进学生的全面发展。

关于人的全面发展，中外教育家和思想家对此有过无数精辟的论断，如中国的

---

①俞晓明，高虹，徐宁．大学物理导学案[M]．上海：上海交通大学出版社，2023.

仁义礼智信、德智体美劳、知情意行的统一等，又如美国发展心理学家、哈佛大学研究生院心理学教授霍华德·加德纳提出的多元智能理论。多元智能理论将智能分为语言智能、逻辑—数学智能、空间智能、音乐智能、身体—运动智能、人际关系智能和自我认识智能七种类型。诸如此类，不胜枚举。从根本上来说，一切教育其实都是通过对真善美的追求，成就人的全面发展，使人成为外在和内心的“躯体、心智、情感、精神、心灵力量融会一体”的完整的人。人的成长、成熟事实上需要一生的时间，这应该是终身学习的真谛所在，而不是仅仅针对飞速膨胀的知识。大学教育前继以基础教育，后接以专才教育。大学的责任应该是承前启后，弥补学生既往教育发展的不足，迎合现实成长的需要，并为今后的可持续发展构筑坚实的平台。大学人才培养方案的功能定位就是承担起大学教育的责任，将全面发展的目标细化成具体的方案。

大学人才培养方案要系统地思考全面发展的人该有的知识结构、能力结构和情感结构，以及大学教育该如何帮助学生成为全面发展的人，如何让专业成长和精神成长并行不悖，如何改变松散的课程结构，如何使各种教育资源协同作用，如何激发学生的自主学习欲望，如何为学生未来进一步的学习和发展提供平台。而所有这些思考又必须建立在对学生发展的现状和对学生成长需求的准确把握的基础之上。

三、大学生的成长需求分析

大学生整体发展状况尚存不足：感受力较弱，缺乏洞察事物内在关系和本质的能力；对外界信息的感知多浮于表面，极易被事物的表象所迷惑；独立学习能力和思考能力较弱，因知识结构和思维模式的限制，对世界、自我、他人及他物的认识还过于简单和理想化，尚不能直面复杂的现实；情感和价值取向单纯易变，人际关系模式尚未确定，待人处世规则还不甚明晰；实践能力较弱，眼高手低，知行还未能统一。

大部分学生期待大学教育不仅能使其获得立足社会所需的专业技能，还要能为其提供更为广阔的成长天地，使其获得全方位的发展。但是，学生此时的自我认同感不足、角色定位不准确，对自身的发展方向和重点还不清楚。不过，对未来的期待和迷惑正说明学生可塑性很强，大学教育能发挥作用的空间很大。大学教育，可以将一个不谙世事的懵懂学生培养成各方面协调统一的、具有较强自我发展能力的比较成熟的青年。

从教育者的视角来看，大学教育应当注重学生的专业成长和精神成长的同步发展,帮助学生完成具有和谐人格的社会自我的基本架构。这种架构应涉及认知、情感、行为和意义等多个方面。具体来说,大学生的成长需求包括:①提升对外界事物的感受力和洞察力;②丰富认知结构,完善思维模式,培养独立学习能力,提高综合认知水平和思考力;③在完成专业成长的同时,为将来进一步的自我发展奠定必要的基础;④在世界观、人生观、价值观形成过程中得到正确的引导;⑤建立健康的心理平衡机制;⑥实践能力得到提升,达到学用结合,知行统一。

总之,大学教育不仅要使学生具备基本的专业素养,还要使单纯稚嫩的学生脱胎换骨,成就更高境界的知情意行的统一,从而获得全面的发展。

四、大学物理课程在人才培养方案中的地位和作用

促进学生发展需要各种教育资源的协同作用。因此,人才培养方案的系统架构还需要能够准确把握各种教育资源的功能所在,包括课程、活动、环境等各种显性和隐性的教育资源。所以,从人本视角深入研究各类教育资源的功能和定位,不仅必要,而且很有意义。

总体而言,由于物理学具有知识、思维、方法、精神和美学五个层面的人本价值内涵,它对人的和谐发展具有关键性作用。它可以通过美真并举来引领学生的精神成长,促进学生的身心发展;通过提升思维品质,调整学生的知识与能力结构;它还可以促进学生的自主学习能力的发展,提升学生未来发展的潜力,为创造力的进一步培育与激发奠定良好的基础。在大学人才培养方案中,它应被定位为通识类核心基础课。

与其他教育资源相比,针对学生发展的不足和需求,大学物理课程至少还有以下四个方面的独特作用。

(一)提升洞察力,培养创新能力

大学物理学研究的是物质的基本结构、基本运动形式及相互作用,关注的是物质世界最为抽象的本质联系。物理学中从现象和实验层次到理论层次,再到体系化理论层次,最后上升到最为抽象简洁的数学层次的螺旋上升,一层一层剥离表象,最后直达内在本质的过程,是训练学生直觉能力,提升其洞察力的绝好素材。大学物理教学过程可以由感性向理性、循序渐进地训练学生对抽象关系的感受力,提升其洞察力,为学生的创新能力培养提供直觉方式感知信息的必要训练。

(二)发展理性思维功能,提升学生的独立思考能力和判断力

大学物理学作为科学课程的典型代表,在发展学生思维这一理性功能上有着天然的优势。思维和情感与科学和人文好比人之双足,鸟之双翼,两者只有平衡发

展才能成就和谐人生。人文解决人的情感、态度、价值观和人生观等问题，使人类在天地人的和谐共存中前进，不为一己之利迷失方向。而科学则提供对物质世界的认识，从微观到宏观，如物质世界的构成和运行。从力学、热学、光学和电磁学到相对论和量子论，在不断发展的理性思考过程中，学生的视野一点一点地被扩展，不断地发现旧理论的局限，不断地领悟新理论的创新。这个学习过程不仅促进了学生的理性思维功能的发展，更重要的是，它还帮助学生形成了批判思维意识，逐渐提高学生独立思考和判断的能力，这是大学教育中最为关键也最难突破的一点。

（三）提升科学认知层次，奠定科学基础

真实世界是具有非线性自组织特征的、不断生成的复杂世界，必须用同样具有复杂性和生成性的综合思维模式去面对。思维模式在对知识的学习和运用中形成，它的转换需要相应的知识结构的支撑。不同的知识结构对人们的思维活动具有不同的规范作用，过于简单和理想化的知识结构往往伴随着简单的线性思维，这也正是大学新生不能直面复杂的世界、有诸多不成熟表现的重要原因。知识结构被个体结合经验内化后形成个体的认知结构，而帮助学生形成良好的认知结构是大学教育的核心任务，因为这是后继学习的核心条件。通过完善认知结构来转换学生的思维模式，提高其综合认知水平，是大学教育推动学生全面发展的主要路径。各种教育资源对此作用不一，其中又以课程的作用最为核心。

大学课程安排一般从基础课到专业基础课，再到专业课方向，知识逐渐往专业和应用的方向拓展。如果说专业课的主要作用是提升认知结构的应用性和现实性，那么基础课则是提升认知结构的层次性和可扩展性，并且基础课对于学生未来发展的后劲和潜力影响更大。大学物理发挥的是科学课程的作用，它能够提升学生的科学认知层次，为学生的认知结构奠定更为合理、开放的科学基础，能使学生的专业学习得以随之延续，更为其未来进一步的自我发展提供帮助。《礼记·大学》曰："致知在格物，物格而后知至。"大学物理学通过引领学生探究事物的原理来提升学生的认知层次，延展其科学基础。与中学相比，大学物理的研究内容更抽象、更普遍：从特殊到一般，从绝对到相对，从相对到统一，又从确定性到概率性，再到两者的统一。更为普遍的物质世界的本质究竟是怎样的，在不断地开放视域和深度追问中，大学物理架设起经验—知识—观念的桥梁，学生对物质世界的认知过程呈螺旋式上升。

（四）从科学角度引领学生精神成长，为其和谐人格的构建提供科学支撑

引领学生精神成长，帮助学生成长为"内协外和"的完整的人，是大学教育的责任所在。"内协"指个体认知、情感、行为、意义之间的同一性，"外和"则指这种同一性被人类共同的情感、价值观所接纳。大学教育通过课程、活动和环境等各种教育资源从多个角度形成相互渗透、互为表里、具有协同作用的立体交叉网络，来推动学生和谐人格的构建。环境和活动营造氛围，烘托气氛，提供体验、交流和行动机会，使学生在真实的体验中成长；课程则从真、善、美、用（专业致用）多维角度切入，发展学生综合认知能力，提高学生知行统一的水平。

艺术尚美，科学求真，道德向善。真善美统一，才有和谐发展。精神成长既需要道德的善来引导，艺术的美来感染，也需要科学的真来提供支撑。物理学从真的角度为学生提供知识、思维、方法等多个层面的精神食粮：它从知识层面让学生明白人在宇宙中的位置、天地人和谐相处的重要性，为学生形成正确的宇宙观、人生观奠定基础；它从思维层面发展学生的批判思维，培养学生不断超越过去的胆识和智慧；它从方向层面揭示人类理性认识不断递升的内在奥秘，使其心智得以超越漫长的科学发展史而飞速成长。

总之，物理学有其自身独特的魅力，大学物理课程也因此有着其他教育资源难以发挥的独特作用。在大学的人才培养方案中，它应被定位为通识类核心基础课。不过，在具有上述独特作用的同时，大学物理课程也有着自身难以克服的弱点：课程过度理性，使之经常远离学生的心灵，得不到学生的认同；课程还存在工具逻辑和人的逻辑的内在冲突。一方面，在进行大学物理课程设置时，需要反思不足，努力走出既往单一的工具逻辑，结合人的逻辑和视角重新进行自我定位，不断从内提升自己。另一方面，大学物理需要与人才培养方案中的其他课程建立联系，以协同作用于学生成长。科学和人文、基础和专业、课程和环境，对于学生成长的功用各不相同，其中任何一种教育资源的价值都既在于自身，也在于是否为其他价值的实现预留足够的空间，相互之间不能一味地挤压，更不能凌驾于他者之上。只有彼此协作，才能使学生的专业成长和精神成长并行不悖，才能真正地成就学生的和谐人格，实现大学教育的目标。

第四节　大学物理教学研究的基本任务和方法

一、大学物理教学研究的基本任务

（一）培养应用型人才

大学物理教学研究的基本任务之一就是培养应用型人才。

1.社会的需要

应用型人才指的是可以对所学的专业知识进行熟练运用的人才,这类人才具有相当强的专业操作能力,一旦进入工作岗位就可以迅速投入工作。随着中国社会经济水平的不断提高,科学技术的不断发展,对人才的要求也在不断提高。理论知识丰富但实践能力不强的人才,已经无法适应当今市场对人才的要求。满足当今社会需要的人才,首先要兼具丰富的理论知识和实践经验;其次,要具有灵活敏捷的思维,自主创新能力强;最后,要充分掌握学科范围内的基础技能,具有良好的沟通能力。以上三点要求,是当今社会对人才的要求,也正是对应用型人才的基本要求。

2.学科性质决定

在中国,凡是开设大学物理课程的本科院校,大部分属于应用型的本科院校,从这个角度上来看,大学物理课程的教学目的就在于培养应用型的人才。物理这门学科本身就是一门应用型的学科,而物理学又是一切自然科学和工程技术的基础,所以在大学的物理课程中,以培养应用型人才为目标展开教学工作是十分有必要的,也是由物理学这门学科的基本性质所决定的。

(二)以培养应用型人才为目标,促进大学物理教学改革

1.改变传统的教学观念,注重素质教育

大学在教学方面更注重对学生的专业技能和其自身素质的培养,以增强学生的社会适应能力,满足社会主义经济建设和社会发展的需要。因而,只有改变传统的教学观念,才能培养出适合社会发展需要的人才。

第一,要明确物理学的本质,把物理学的理论知识与实验学习放在同等重要的位置来看待,重视对新实验的发现,通过实践来检验新理论知识的正确性,将理论知识转化为实践成果。物理学是一切自然学科的基础,是其他自然学科发展的根本,只有不断吸收现代科技发展的新成果,才能保证物理教学的内容始终处于领先的水平。从这些方面来看,掌握大学物理学知识,运用将理论与实践相结合的教学模式,对于应用型人才的培养是很有好处的。

第二,传统的教学模式都是通过对知识点的讲解与分析来传授知识的,在教学过程中,难免会出现理论重于实践的情况。对于学生而言,这样会使学生对理论知识的权威性产生不容置疑的态度,不利于培养学生发现问题、解决问题的能力以及自主创新能力,导致学生无法进行良好的学习与进一步的发展。所以,当今时代对于人才的培养,更注重学生适应实际工作的能力、自我学习能力,这些能力能够帮助学生掌握更多、更新的知识,提高自身的市场竞争力。因此,大学物理教学除了丰富学生的理论知识外，还要增强对学生实际工作能力的培养。[①]

2.因材施教，构建课程体系

不同专业的学生对知识的需求不同，在教学过程中，教师应该因材施教，针对不同专业学生的需求对教学内容进行优化，构建以培养学生能力为主要内容的应用型本科基础物理课程体系。在新的课程体系中，要充分发挥物理类课程的整体教育优势，对课程进行优化重组，重点表现在文科与理科的渗透、工科与理科的结合、实验与理论的融合三个方面。在文科专业中渗透物理类课程，即要在全校文科的各个专业中开设物理专业的基础课程。由于文科专业的基本特征，在文科的物理课程学习中，要以知识、概念、方法的学习为主，着重培养学生的物理学素养和正确的科学观，使学生对科学感兴趣。在丰富学生知识的同时，适当对现代科学技术的发展做一些讲解，让学生可以清楚地意识到物理学在科学发展中起到的重要作用。文科专业注重人文教育，在其中开设物理学相关课程，有助于两种学科文化的相互融合，促进应用型人才的培养。

从专业的角度来讲，物理学本身就属于理科专业，所以在理科各专业开展物理学普及教育的过程中，可以为物理学的爱好者专门开设物理类的课程。通过理论知识的培养和物理学相关知识的学习，帮助学生建设专业平台，培养应用型人才。大学物理实验是科学研究的缩影，是培养应用型人才的科学素质和动手能力的开端，传统物理实验多属于验证性实验，综合性、设计性、应用研究性实验内容不足，物理学的新发展与新应用方面的内容更是极少，很难激发学生的学习兴趣，不利于培养应用型人才。为此进行实验教学内容与平台建设，实验项目的建设应与物理课程新体系的教学内容改革相配套，加强理论教学与实验教学的结合；减少验证性实验，增加综合性、创新性实验项目；构建新的实验课程体系；增加能够提高学生动手能力的实验项目；增加基础物理实验的现代技术的含量。通过重组、优化、整合等措施，构建五大实验教学平台，即物理演示实验平台、基础物理实验平台、综合物理实验平台、计算机仿真实验平台和探索性的自主开放实验平台。

综上所述，经过多年的研究和教学实践工作，大学物理教学的改革已经取得了一部分成效。但是，不可否认，在大部分的专业院校中，物理课程的教学还是以传统的教学模式和教学理念在进行。所以，大学物理教学的改革工作任重而道远。对于应用型人才的培养，不仅是对大学物理课程教学的要求，也是对大学其他专业课程教学的基本要求。通过制订基本的改革方案，确定应用型人才的培养模式和培养方法，建立以培养学生的实际工作能力为重点的应用型本科基础物理课程体

①刘礼书.大学物理教学研究[M].延吉：延边大学出版社，2022.

系,构建一套完整的实验教学平台,为中国特色社会主义建设培养出更多理论扎实且实践经验丰富的应用型人才。

二、大学物理教学研究方法

(一)课堂导入

作为课堂教学和思维的开始,课堂导入是非常关键的阶段。以前的大学物理教学对课堂导入重视不够,也很少有人对其进行深入的探索。近年来,随着大学物理教学改革的深化,课堂导入显得尤为重要。一堂课能否成功很大程度上取决于本节课的导入。好的课堂导入可以激发学生的学习兴趣和学习动机,调动学生学习的积极性,关系着学生学习这一门课的效果。如果课堂导入成功,学生就会兴趣盎然、精力集中、思维活跃,对知识的理解和记忆的效率就会相应提高。课堂导入的方法是很多的,结合大学物理课程的特点,有实验导入法、物理学史或故事导入法、游戏导入法、个人经历导入法等。因此,结合每一节课的特点巧妙地安排课堂导入是每一位教师需要慎重考虑的问题。

物理是一门实验与理论相结合的课程,物理来源于生产实践,也能指导生产实践。因此用实验进行物理课的导入是一种常见的教学导入方式,特别是通过一些有趣的小实验,可以把学生的注意力一下子吸引到课堂上来。要重视利用物理实验在教学中带给学生感官的刺激,激发学生学习的兴趣。例如,在讲解驻波时,可以先给学生演示一些小实验,如鱼洗实验等,生动有趣的实验很容易吸引学生的注意力,学生对这些现象产生好奇,自然地就会想知道其中的奥秘,由此自然地切入本节课题。又如,在介绍波的叠加原理时,可以先给学生放一段音乐,学生会很好奇物理课堂出现音乐,接着可以提出问题:“能否分辨出各种乐器的声音?”这样,学生就能深刻理解波的独立传播原理了。物理的教学内容与我们生活的自然环境中的各种现象的关系是非常密切的,如果能从身边的各种现象出发,挖掘出与教学内容相关的材料并灵活运用于课堂导入,一方面可以激发学生的求知欲望和探究兴趣,另一方面可以引导学生运用所学的物理知识解决生活中的实际问题,提高学生理论联系实际、解决实际问题的能力。另外,以故事的形式将科学史中对人类发展有重大意义的人和事件呈现给学生,会让他们对物理学有全新的认识,对物理学在人类文明历程中所起的关键作用有一定认识。

从全新视角认识物理学,不仅是技术发展的基础,也是社会发展不可或缺的部分。在导入课中加入合适的史料,有针对性地、有明确目标地引起学生的学习欲望,不失为一种好方法。比如,在介绍电磁学内容时,可以将法拉第、安培、麦克斯韦的故事引入,让学生在人文气息中进入学习,这样更容易让他们接受。相信只要我们积极探索、不断地去思考、去实践、去总结,与时俱进,就会产生好的效果。

(二)板书与多媒体教学相结合,使教学效果达到最优化

作为现代的教学形式之一,多媒体教学已被广泛运用于各门学科的教学中。它可以极大地丰富课堂教学的内容,提高课堂教学的效率,同时,教学课件中所运用的“图、文、声、影像和动画”等丰富的表现形式能够更全面地刺激学习者的感官,激发学习兴趣。大学物理课程的教学内容包括力学、热学、光学、电磁学和近代物理引论,而且目前的学时设置得还比较少。所以,大学物理课程的教学面临着一定的困难。为了解决大学物理内容多、学时少的困难,可以充分利用多媒体的优势,结合教学内容自行设计多媒体课件,把一些不必要的推导省去,将结论直接呈现出来,以节省时间;对于涉及的物理实验和现象等,可以利用视频或者动画播放。这样不仅可以丰富大学物理课堂教学的内容,也可以有效地提高大学物理课堂教学的效率。但是,多媒体教学也存在一些问题。其中一个突出的问题就是很多学生反映利用多媒体教学的速度比较快,课堂上还没来得及理解,课程就结束了,特别是教师过多地使用多媒体课件,将所有内容都用课件展示出来,很多内容都像是一闪而过,不利于学生的理解和记忆。所以,利用多媒体教学时,应该注意以下问题。

第一,要坚持教师的教学主导地位,不可盲目地、不加分析地用计算机辅助教学代替学科教学方法和手段,要充分体现其辅助作用。

第二,在课堂教学和电子课件制作中,必须合理使用动画、图片、视频,应遵循教学内容是根本,教学形式是手段,教学内容决定教学形式的教学理念。为此需要对大学物理教学内容进行全面的分析,根据教学内容的特点,有针对性地选择动画、图片、视频和演示实验等技术组织教学,既增强直观效果和感性认识,又保证教学内容的科学性和教学的严肃性。

第三,在多媒体辅助课堂教学的同时,还应该重视传统的教学方式的地位。板书是教师自身头脑中的认知结构,是对课本内容的浓缩,作为传统教学方式的重要代表,具有其他教学媒体无法替代的功能。

板书可以把一节课的结构、层次和重点直观地反映出来,长时间地向学生传递信息,便于提纲挈领、突出教学重点、深化课程内容、加深学生印象、帮助学生理清思路。学生有了充分的思考和体会,就可以对知识进行再加工,有时还会由此产生新的问题,充分发挥主体能动性。

对于涉及过多的重要公式推导的课程,教师的板书可以留给学生一定的时间去主动思考，从而与教师的讲授同步，这样更有利于学生的理解。所以，不能减弱或者放弃这个传统的教学方式。而板书内容构成直接影响板书质量和教学效果，同时板书艺术也是教学艺术的有机组成部分。因此，教师在备课时，应该设计好板书，要做到条理清晰、简明概括、重点突出、布局合理等。当然，板书也有一定的局限性，如书写速度慢、空间有限等，需要与多媒体结合使用，优势互补，充分利用教学资源。比如，涉及物理实验或者物理现象（波的干涉、衍射、偏振等），可以借助多媒体，形象直观地呈现教学内容，而在讲解理论推导或例题时，则要发挥板书的优势，这样可以使教学效果达到最优化。

第四，借助现代信息技术，加强与学生的沟通，扩大学习空间。沟通是工作、生活和学习的润滑油；沟通是消除隔膜，达成共同愿景、朝着共同目标前进的桥梁和纽带；沟通更是学习和共享的过程，在交流中可以学习彼此的优点和技巧，提高个人修养，不断完善自我。而课堂的时间和空间毕竟是有限的，要获得更好的沟通效果，恰恰是在课后。大学课堂中，很多教师点名都采用抽查的方式，而且上完课就走人，有的学生甚至感觉教师不愿意和他们交流。教师仅仅利用课堂时间是不可能顾及所有学生的。所以，课后的交流显得非常重要。

现代信息技术的发展拉近了人与人之间的距离，人们的交流方式也变得多样化，可以为每个班级建立QQ群或者微信群，这些通信工具可以发送文字、语音、图像等，通过这些工具，学生可以详细地、及时地提出疑问，与同学和教师进行讨论，问题可以得到解决，同时也可以加强师生之间的交流。当然，要做到能够让学生愿意敞开心扉，让学生认为教师值得信任是前提。教师不仅需要有较强的业务能力，对待学生的态度也一定要和蔼可亲，这样才能进行有效的沟通。另外，由于学时的限制，课堂的讲解是有限的，教师可以结合课堂知识留给学生一些有趣的、联系实际的或者具有拓展性的问题，让学生课后自己去解决。这样，学生课后可以充分利用网络等各种信息技术去解决问题，既能培养学生自主学习和解决问题的能力，同时也能拓宽学生的知识面。

总之，大学物理可以初步训练学生的逻辑思维能力、抽象思维能力、分析与解决问题的能力；提高学生的科学素养，帮助学生建立辩证唯物主义世界观；为学生进一步学习专业知识、掌握工程技术以及为之后的知识更新打好必要的基础。因此，教师要结合当前大学物理课程的实际情况、教学环境和学生的特点等，深入研究，选择适当的教学方法，使其更好地发挥人才培养的作用。

第二章 大学物理课堂的教学方法

第一节 大学物理课堂教学方法概述

一、教学方法的含义

教学方法是指在教学过程中,教师和学生为实现教学目的,完成教学任务而采取的教与学相互作用的活动方式的总称。

教学方法是一个有多重含义的术语。从广义上看,教学方法可以看成由教学方法指导思想、教学方法、具体方法、教学手段等组成。从狭义上看,教学方法可以指具体的方法,如讲授法、谈话法、讨论法、演示法、实验法、读书指导法和练习法等。

教学方法是为实现教学目的、完成教学任务服务的。教学方法设计与运用都要综合考虑教学目的和教学任务。如果教学目的主要是向学生传授知识,则可以采用讲授为主要方法;如果教学目的是要帮助学生解决疑难问题,那么讨论法则是合适的方法。当然,教学内容与教学方法的关系并非唯一对应的,同一种方法可以用于不同的教学内容,同一教学内容也可以采用不同的方法来教。这要看哪种方法对实现教学目的和完成教学任务更有效、更合理。

教学方法既包括教师教的方法,也包括学生学的方法,两者不是机械相加,而是密切联系、相互作用的教学活动的统一。一方面,教师教的方法必须依据学生学的方法,否则便会因缺乏针对性和可行性而不能有效地达到预期的目的。另一方面,在教学过程中教师处于主导地位,因此,在教法与学法中,教师的教法处于引导学生学法的地位。

教学方法与教学手段不同。教学手段是教师和学生为了实现共同的教学目的,完成共同的教学任务,在教学过程中运用的工具、媒体或设备。教学方法往往要借助一定的教学手段,如讲授法一般要用到口头语言、板书板画等文字语言和体态语言,有时还要用到幻灯机、投影仪、录音机、录像机、电视机、计算机等教学手段。

二、教学方法的分类

由于教学过程是一个包含多因素、多层次、多环节的复杂过程，教学方法不仅由教学指导思想、教学方式、具体方法、教学手段等要素构成，而且其运用与教学目的、教学内容、教学环境、学生情况等密切相关。因此，在实际中，从不同的角度，按照不同的标准，采用不同的分类方法，教学方法有不同的分类。

例如，根据学生认识活动的不同形态作为分类标准，教学方法可以划分为：①以语言传递为主的教学方法（包括讲授法、谈话法、讨论法、读书指导法等）；②直观演示的教学方法（包括演示法、参观法）；③实际训练的教学方法（包括练习法、实习法、实验法）；④检查成效的教学方法（测验法、考试法）。[①]

又如，根据教学的具体组织形式，教学方法可以划分为讲授法、谈话法、讨论法、演示法、实验法、读书指导法、练习法、考试法等。

如果把教学思想、教学模式等概括到教学方法中，教学方法也有不同称谓，如探究式教学方法、启发式教学方法、发现式教学方法、问题解决教学方法、自学辅导教学法等。教学方法的分类还有其他的分类法，而且随着时代发展还会产生新的教学方法。然而，如果对众多的教学方法进行结构分析，就会发现有些教学方法是最基本、最常用的，如讲授法、谈话法、讨论法、演示法、实验法、读书指导法、练习法、考试法等。这些基本方法经常以各种形式运用于教学过程，实际教学中的教学方法就是这些基本方法的有机组合。因此，本章第二节将主要讨论讲授法、谈话法、讨论法、自学法、实验法、练习法的特点以及基本要求和运用等问题。另外，鉴于探究性教学在当今物理教学中的地位，本章还要专门阐述探究性教学方法的含义、特点、过程与运用等问题。

第二节 大学物理课堂教学基本方法

物理教学的基本方法主要有以下几种。

一、讲授法

讲授法是指教师运用口头语言进行教学的一种方法，其主要特点是通过教师的语言，适当辅以其他教学手段向学生传递知识信息，促进学生理解，启发学生思

①杨方.大学物理教学改革与大学生创新能力培养探索实践[M].成都：西南交通大学出版社，2022.

维，提升学生能力。

讲授法是教学上最主要的教学方法，也是大学物理教学中应用最广泛、最基本的教学方法之一。它既适用于传授新知识，也适用于巩固旧知识；它既可以描述物理现象、叙述物理事实，又可以解释物理概念、论证物理原理、阐明物理规律。其他的教学方法一般都离不开讲授法。

因此，无论过去、现在还是未来，讲授法都是大学物理教学中既经济又可靠的教学方法。讲授法作为教师以传授知识为主，学生以接受知识为主的教学方法，既有优点，也有缺点。

其优点是：能够充分发挥教师的主导作用；学生能够在短时间内获得大量的知识信息；条理清楚、层次分明、逻辑性强的讲解，有利于培养学生的抽象逻辑思维；严谨的讲解还有利于创造一种严肃的学习氛围。其缺点是：使用这种教学方法，学生相对被动，不能照顾学生的个体差异；学生如果长期以"接收"的形式学习知识，易于滋生对学习的依赖性，产生学习上的惰性；教师容易偏重于教法，忽视学生的学法引导，不利于学生学习主动性的发挥；学生独立获取知识的能力不容易得到锻炼。

在大学物理教学中，运用讲授法必须符合以下基本要求。

（一）合乎科学，用语准确

讲授要符合科学性。首先，讲授的物理知识必须合乎科学原理，不能出现科学性的错误。这就要求教师要有高一级的物理知识水平，要钻研物理知识，深刻理解它们的内涵和外延。这样才能在讲授时，既做到深入浅出、通俗易懂，又不犯科学性错误。其次，讲授时用词要正确，表述要确切。对用词要认真推敲，仔细斟酌，不能信口开河，以免发生科学性错误。最后，教师的教学用语应当使用科学、规范的专用术语，而不能使用那些违背科学的术语。

讲授要合乎科学、用词准确，还要考虑学生认知水平和能力。在大学物理教学中，教师不应当片面追求讲授内容的系统性和学术性，试图一蹴而就地把内容讲深讲透，而应当从学生的实际出发，循序渐进地让学生认识和理解学习的内容。①

（二）合乎逻辑，严谨有序

讲授必须条理清楚、层次分明、重点突出、符合知识的逻辑。

第一，要把讲授的内容放到整个知识体系中来研究它的上下逻辑联系。

第二，讲授物理知识要遵循科学探究的思路，激发学生的逻辑思维活力。任何物理知识都是科学探究过程的结晶，讲授就要注意探究这些知识的来龙去脉的过

①汪源源．大学物理教学改革与实践研究[M]．北京：中国纺织出版社，2022.

程,如问题是怎样发现和提出的?问题是怎样解决的?问题解决后得到什么样的结论?这些结论的适用范围和条件是怎样的?这些结论有怎样的应用?在各个环节的讲授中,都要注重引发学生的逻辑思维活动。

第三,物理规律的叙述有严密的逻辑性,不应任意颠倒。从数学上看,A-B 即 B-A,Cec D 即 Dec C,但物理学规律一般不能颠倒表述。

另外,教师在运用分析、综合抽象、概括、推理等方法进行讲授时,如果不注意逻辑性,往往也会犯各种逻辑性的错误。

(三)启发思维,培养能力

讲授不只是简单地向学生传递知识,还要激发学生积极思考,使他们在积极的思维活动中获取知识、培养能力、发展智力。因此,在运用讲授方法时,首先,要考虑学生的认知水平和学习情绪,要善于根据教学内容,结合生产和生活实际,运用富有启发性的教学语言,激发学生的求知欲望,引导学生积极思考。其次,教师可以用问题式的讲解方式进行讲授,注意用问题来激励学生的思维活动,教师的讲授就不能平铺直叙、强行灌输,而应该以饱满的精神,生动形象、富有感染力的语言,在不断地提出问题、分析问题、解决问题的过程中启发学生思考,让学生在积极的思考过程中,不仅学到知识,而且能学到一些研究问题、处理问题的思路、方法和能力。最后,教师在讲授过程中,要做到“不愤不启,不悱不发”。讲授的语速要适中,要留合适的时间让学生思考。

(四)简明生动,形象具体

简明生动的教学语言不仅可以激发学生的兴趣,促进学生的想象,而且有助于对抽象物理知识的理解和掌握,使学生在轻松愉快的气氛中学习。因此,讲授必须简明生动、形象具体、言简意赅,并恰当辅以体态动作语言和配以其他教学手段。

讲授要做到简明,就要突出重点,语言精练。古语说:“多则惑,少则得。”因此,每堂课的内容应当围绕一两个重点来讲授。有些内容学生是知道的,就不需要教师讲解;有些内容学生一看是理解的,就让学生自己看,教师少讲或不讲;有些内容学生理解起来有困难,教师要精讲,如果主次不分地满堂讲,则会使学生感到困惑,难以抓住要领。

在帮助学生形成抽象的物理概念时,应向学生提供常见的生活现象和生产实例,或物理学史上典型物理事例。同时,教师运用形象生动的语言,对物理问题进行透彻的分析和讲解,帮助学生认识物理现象,形成物理表象,这样,既可以帮助学生形成正确的物理图景,理解抽象的物理概念,又可以活跃课堂气氛,从情感上拉近学生与物理学的距离。

物理教学中的讲授法，并不是教师只用一支粉笔和一张嘴，按照物理课本中的叙述“照本宣科”，而是要求物理教师能够适当地利用观察、演示、挂图、板书、板画、多媒体课件和网络资源等各种教学手段，创设物理情境，让听觉信息与视觉信息、动手与动脑协同作用。这样既有利于丰富学生的感知，又有利于学生以各种方式理解教学重点、突破教学难点，还可以激发学生的学习兴趣和积极性。

二、谈话法

谈话法的特点是教师根据学生已有的知识基础和思维水平，提出一系列深浅、难易恰当的问题，引导学生思考或回答，从而使学生获得新知识、巩固旧知识、发展思维能力。谈话法以问题为导向，其优点是：有利于唤起和保持学生的学习兴趣和注意力，便于激发学生的思维活动，培养学生独立思考能力和语言表达能力；教师可以通过谈话直接了解学生对知识、技能的掌握情况，获得教学反馈信息，改进教学。其缺点是：课堂发言容易被学习好、思维敏捷的学生所占据，而其他学生容易被忽视。谈话法的形式，就其实现的教学任务而言，有引导性谈话、传授新知识的谈话、复习巩固知识的谈话和总结性谈话。

在运用谈话教学时，教师应该在透彻分析教材、学生及明确教学目的的基础上，对谈话的问题、提问的对象、学生可能的回答、如何进一步做好启发引导等问题，有充分准备。此外，运用谈话法教学还应当做到以下几个方面。

（一）要有层次性和连贯性

谈话一般要紧扣教材，突出重点、难点，要有层次性和连贯性。

（二）必须题意清楚，要求明确

教师提问时要让学生听清楚提问的内容和要求，切忌含糊其词、模棱两可。提问要言简意赅，表达要准确到位，不能让学生觉得问题有点颠三倒四，造成学生困惑不解。

谈话的题意清楚、要求明确，教师的表达事关重要。教师的表达要言简意明，切不能不知所云，让学生无法回答。另外，也不可随意提问，如不经准备、漫无边际地东拉西扯，扯一些不相关的内容；或提一些低级的、重复的问题；或发现某一学生精力分散、心不在焉，突然随意发问。这样的发问，由于没有事先准备，往往会出现题意不清、要求不当等问题。

（三）要切合全体学生

谈话要切合学生，是指谈话的内容要考虑全体学生的实际，难易适度；谈话要面向全体学生，使全体学生都参与谈话；要依据学生的回答进行正确的反馈。

首先,谈话要考虑学生实际,谈话的问题要难易适度,在问题较为抽象或有一定难度的情况下,要设置一些具体的或难度较低的问题来引导谈话。

其次,提问时要面向全体学生,要给学生充分的思考时间。一般来讲,要使全班学生都在积极思考和准备回答的基础上,大约有三分之二的学生能回答问题的情况下,再请个别同学回答。这样做以利于全班同学都积极参与谈话。

另外,对于学生的回答,教师的反馈要合适。在学生回答后,教师不要轻易下断语,而是要停留一定的时间。这样做不仅可以使回答的学生继续思考,也使其他的同学继续思考。一般来讲,对于正确的回答,还要以追问的方式让学生说出判断的依据,要让学生将思考的过程展现出来。这样做,才能看出学生的思维是否合乎逻辑,是否真正理解谈话的内容。对于回答出现障碍或回答错误的学生,应当适时加以引导、给予鼓励,使他能正确回答,或者请其他同学给予帮助或补充。不管何种情况,教师都应当给予积极、正面的反馈与引导,以充分保护和发挥学生的积极性。

(四)问题要有思考价值

一般而论,谈话的问题要有合适的难度并能引发学生积极思考,这些问题并不是那种肤浅的问题。教师不可只追求热闹场面,学生齐声回答一些没有思考价值的肤浅问题。当然谈话的问题也要考虑到学生的实际,不要提出过深、过难、过抽象的问题。这样的问题学生一般难以回答,谈话也就无从进行下去了。需要指出的是,谈话虽然要经过精心准备,切忌随意性提问,但有时候,谈话要随着教学的即时情况而随机应变,灵活应对课堂上出现的一些意想不到的情况。

另外,在以谈话为主要教学方法的教学中,应当及时做好小结,梳理知识,澄清错误。对于需要进一步深入的问题,教师还可以留下伏笔。

三、讨论法

讨论法是在教师指导下,学生以全班或小组为单位,围绕某个问题,通过讨论或辩论活动,各抒己见,获取知识或巩固知识,培养讨论、沟通、交流能力的一种教学方法。谈话法与讨论法的共同之处在于以问题为主展开的教学活动,但谈话法主要是教师提问、学生回答,其活动方式更多地体现在师生之间的互动;而讨论法是学生围绕教师布置或自己发现的问题,各抒己见,相互交流,集思广益,从不同的角度来认识事物,达到深刻、全面理解所学知识的目的,其活动方式不仅体现在师生之间的互动,更多地体现在生生之间的交流与合作。

讨论法的优点在于能够集中学生的注意力,充分调动学生学习的积极性;通过互相启发、互相学习、取长补短,加深对学习内容的理解;由于全体学生都参加活动,可以培养学生的合作精神,获得与他人合作交流的体验。同时,还可以培养学生钻研问题的能力,提高学习的独立性。运用讨论法教学应当达到以下要求。

(一)精选讨论问题

选择合适的讨论问题,是进行讨论的一个关键。除问题要有启发性和趣味性外,教师应该在把握教学内容,教学要求、明确教学重点、难点和了解学生的基础上,有针对性地选择讨论题目。一般而论,要从以下几个方面选择讨论的问题。

第一,教学的重点和难点。教学重点是学生要着重掌握的内容,教学难点是学生不易理解的内容,这两点无疑是讨论问题的最佳来源。

第二,教学中的疑点问题。教学疑点是学生容易感到困惑的地方。解决困惑的过程往往能激发学生的兴趣,使学习变得更有动力和乐趣。

第三,教学中的歧义问题,它是教学过程中师生、生生就某一问题在理解上出现分歧的问题。教学中可以让学生对此类问题进行讨论。

第四,与教学内容相关的社会中的焦点或热点问题。例如,与物理学有关的环境保护的话题(水资源保护、臭氧层破坏和保护、废电池的污染和防止、地球变暖的温室效应、气候与热污染、核能利用和核污染防止等),资源开发和节约话题(各种能源水资源开发和节约、从热机的发展与应用等、改善生活品质课题、磁记录电视技术与生活、光缆通信等)到灾变和防灾话题、破解自然之谜话题。教学可以有针对性地选择这些与物理学相关的STS话题,让学生进行讨论。

(二)营造讨论的良好氛围

营造积极、热烈、活泼的讨论氛围,是讨论取得良好效果的一个重要条件。为此,要发扬教学民主与平等的意识和精神,创设一个民主、平等、宽松、和谐的讨论氛围。

第一,要建立师生平等的教学关系。有的教师秉持“师道尊严”的教学态度,对学生往往表现出批评和不满,这会令学生感到紧张,不敢轻易发言、发问,从而影响学生参与讨论。因此,教师要树立平等民主的教学思想,尊重学生的人格。在课堂讨论中要给学生以尽可能多的肯定,在学生讨论中无论提出对的或错的、有道理或无道理的问题,都应当与学生平等协商,让学生大胆参与讨论。

第二,要让学生明确讨论中不仅是学生与学生之间是平等的,教师与学生之间也是平等的。要鼓励学生在讨论时声音要大,要敢于发表不同的观点,会有理有据地提出自己的看法。同时在别人发言时要静听,要倾听和尊重他人的看法。在讨论时还要提醒学生,学术争论不同于个人冲突,不能强词夺理,要想有效地说服别人接受自己的观点，必须有理有据；如果自己观点有误或不全面，则应开诚布公地接受他人正确的观点或修正自己的观点。

（三）适时引导讨论

教学讨论是理性的思想交流活动，参加者能够积极和主动参与讨论与许多因素有关，如学生的学习准备情况，学生的表达能力、说话方式、胆量、性格等。因此，教师要针对不同学生的差异，除了善于运用各种方法创设讨论氛围之外，还要参与学生讨论，并适时引导和启发学生。

（四）做好讨论的小结

运用讨论法教学中，教师要及时引导学生做好小结。小结可以在学生小结或小组小结的基础上，师生共同补充，最后形成比较一致的结论。讨论法运用于物理教学的形式可以是多种多样的。它既可以单独运用，也可以与其他方法结合运用；既可以用于全班性的讨论，也可以用于小组合作学习；既可以用于新知识的学习，也可以用于知识的巩固。

四、自学法

自学法是教师指导学生通过阅读教材和其他有关材料而获得知识，发展学习能力和养成良好读书习惯的教学方法。自学法的优点，首先，能够充分发挥物理教科书的作用。物理教材是在充分考虑学生心理特征教学原理、学科特点、社会发展等诸多因素的基础上精心编制而成的，指导学生自学物理教材有助于充分发挥物理教科书的教育功能。其次，有利于培养学生的自主学习能力，它是“终身学习”现代教育思想所倡导的学习方法。最后，有利于学生个性化的发展。因为自学有助于个别化学习，有助于每个学生通过自身的努力各自达到可能达到的水平。但自学法对学生的学习能力有较高的要求，一般适用于难度较小的章节和段落，或叙述性和推理性内容。对于知识基础和学习能力比较弱的学生，应该循序渐进地运用自学法。

运用自学法应当做到以下几个方面。

（一）把自学法作为一种重要的教学方法

教师要改变“重教轻学”的教学思想，必须明确自学法的重要性。因为教学效果的好坏，不是取决于教师的教，而是取决于学生的学，取决于学生会不会学和怎样学。教学经验表明，学生听到的容易忘记，阅读过的容易记住，边阅读边思考容易理解深刻。因此，在教学设计中要把指导学生自学作为一项重要的研究内容，把自学法作为一种重要的教学方法。

(二)指导学生各阶段的自学

物理教学各阶段的自学有课前自学、课中自学、课后自学三种。课前自学一般是预习性的自学。教师可以根据教学内容和学生实际,提出一些预习的问题,让学生自学教材或其他材料。课中自学是让学生在课堂中的自学,教师在课堂教学中可以穿插一些学生阅读的活动。课后自学一般是巩固性和拓展性的自学。

(三)根据学生特点进行自学方法的指导

教师要根据学生的特点,让学生学会自学的方法,有效培养学生自学的能力。对于不同层次的学生,自学有不同的要求,如自学哪些内容,要花多少时间自学,怎样自学等,都要看学生的实际水平和教学的其他实际。自学能力及习惯的养成也是一个循序渐进的过程,开始时对学生阅读教材的要求可以低一些,以后逐步提高。

五、实验法

实验法是指在教师指导下,利用一定仪器设备,在一定条件下引起物理事件或现象的发生和变化,让学生在观察实验的过程中,获取知识,培养操作技能,养成科学态度的教学方法。在大学物理教学中,由于物理实验真实、直观、形象、生动,极易引起学生的兴趣,也易于在学生头脑中形成生动的表象。因此,运用实验法对调动学生学习物理的积极性,促进学生头脑中物理概念的形成起着十分重要的作用。运用实验法还有助于培养学生的观察能力和实验操作技能,有助于培养学生把实验感知与思维活动紧密结合起来从而获得知识的能力,有助于培养学生严谨的科学态度和实事求是的工作作风。

在大学物理教学过程中,实验法的具体实施可分为演示实验、边教边实验、学生分组实验和课外实验。

六、练习法

练习法是指在教师指导下,学生通过练习进行巩固知识、运用知识、形成解决问题的能力的教学方法。在大学物理教学中有多种练习形式,最常用的是纸笔练习作业,但大学物理练习不应仅有计算题,还应该包括观察、实验、参观、技术设计、调查等实践性的练习。这些类型的练习作业往往在问题、方法和结果上具有一定的开放性,能较好起到通过练习培养学生科学素养的作用。

一般来讲,在每一堂课中,教师要根据教学要求,提供给学生练习本节课或上节课教师所讲授的基础知识或重点内容的习题的时间以及时反馈教学效果信息,诊断出班级或学生个人对教学目标达成情况,以适当调节后续教学。这些诊断性的练习，要突出明确的知识点及每项知识点所应达到的学习水平，题型一般以选择、填空、简答为主。此类诊断性练习的目的是使师生准确及时地了解教与学的情况，以改进教学。这些练习的结果并不影响学生物理学习的成绩，只是起到一种诊断学习问题改进教学的作用。

练习法在新课教学中的应用形式是不拘一格的。在教学引入阶段，可以出示一题或一组练习题，让学生独立解答，以复习知识、发现问题，并依据问题引入教学。在教学过程中，在学生掌握了某个知识点后，教师可出示练习题，让学生解答、分析比较，以达到及时巩固知识的目的，培养学生应用知识解决问题的能力。在教学主要内容结束后，出示一组相关试题，供学生练习，达到巩固整节课教学效果的目的。

大学物理复习分平时复习和阶段复习，练习法是最为常用的方法。

第三节 大学物理课堂探究式教学方法

一、探究式教学的含义

（一）探究式教学的概念

探究性教学是指学生通过指导或完全自主地探究活动，以获取知识、培养能力和形成价值观的活动过程。这些探究活动包括观察、提出问题、猜测、假定、制订探究计划、实验、论证、评价交流等。从另一个角度讲，探究学习反映了一种学习观和教学思想。这种探究的学习观和教学思想认为，科学探究能力培养是科学教育的重要的目的之一，科学探究也是科学教育重要的学习内容和学习方式。

（二）探究式教学的特点

探究式教学是一种集探究教学思想、探究教学活动和形式于一体的教学方法。它与接受性方法不同，主要有直接性、问题性和探究性的特点。

1. 直接性

就学生的学而言，探究式教学是一种直接经验的学习。它与以教师呈现知识为主的接受性学习相比，学生主要不是通过教材或教师的呈现，来记忆、理解、巩固知识，而是要经历与前人尤其是科学家相似的研究经历，形成概念和发现规律。这种探究性学习具有获得直接经验的学习特点。在这个过程中，学生要亲身经历提出问题、猜想与假设、制订计划与设计实验、实施实验与搜集证据、分析论证、评估、交流等探究过程(或部分过程),获得对知识的理解。学生可以通过经历科学过程、体验科学方法,形成对科学的情感态度与价值观。从教师教的角度来讲,虽然学生的探究离不开教师的指导,但教师只是作为协助者为学生的探究提供必要的资源和指导,以保证探究教学的顺利进行。

2.问题性

探究式教学是围绕问题而展开的,没有问题就没有疑惑,也就没有探究。物理探究式教学中“问题”的提出,离不开观察、实验、思维。物理是一门以实验为基础的自然科学,实验是大学物理教学内容的重要组成部分,物理实验离不开观察,在实验过程中产生的各种物理现象和物理事实都是学生通过观察来认识的。同时,观察和实验离不开思维,三者始终是联系在一起的。

物理探究式教学中“问题”的产生也离不开观察、实验和思维。但这里的问题属于“科学问题”。所谓科学型问题,是指源于观察、事实、疑惑,并在与已有知识背景的比较中产生的问题,是有所知又有所不知的问题。这样的问题与真实的科学问题相似,有一定的难度,但又在学生最近发展区内,学生能够进行探究与实证。探究式教学活动的过程实质上也是围绕问题进行猜想、假设、计划实验、收集证据、分析论证、评估、交流等一系列的活动,可以讲,没有问题就没有探究式教学。

3.探究性

探究式教学的探究性特点是由科学探究的本质所决定的。探究式教学不是把探究的问题、探究的方法、探究的过程和结论直接告诉学生,而是让学生通过各种各样的尝试、猜测、假设、论证、评价、修改、交流等探索性活动亲自得出结论,从而体验知识得出的过程,培养科学探究的能力、科学态度与价值观。探究式学习虽然离不开教师的指导,但就接受式学习而言,在探究式学习过程中,学生有较高的自主性,从而突出了学生在学习活动中的探究性。根据活动的难易程度及学生能力和知识水平,探究式学习可以有不同方式的探究活动,有的可以是学生经历提出问题、猜想、假设、计划实验、搜集证据、分析论证、评估、交流全过程的探究学习,有的可以让学生经历其中部分的探究活动,有的可以有不同程度的探究活动。例如,探究的问题可以是教师通过特殊的问题情景诱导学生提出的,甚至可以是教师或教材提出的,也可以是学生自己提出的。数据的收集,可以引导性地给出部分实验数据,让学生分析并作出解释,也可以让学生通过实验、观察、调查等活动亲自收集数据。但不管是何种方式、何种程度的探究式学习,其学习过程中的探究性是一个显著的特点。①

①胡国进.大学物理实验教学研究[M].延吉:延边大学出版社,2022.

二、物理探究式教学的一般过程

探究式教学的一般过程主要包含如下七个环节。

(一)发现并提出问题

教师根据教学内容的特点、课程标准的要求和学生的实际水平,通过观察、实验、案例分析等特定的环境创设问题情境,由问题环境萌发的问题必须能与学生已有的知识经验相联系,能引发他们探究的兴趣和欲望。例如,光照到物体会产生什么现象、摩擦力与哪些因素有关、重的物体与轻的物体哪个下落得更快等,这些问题应当让学生在特定的实验和观察环境中自己发现并提出,或者是能够在教师的引导下相对独立地提出,并且这些问题通过学生的探究活动是能够解决的。

(二)猜想与假设

猜想与假设是一种重要的心智活动。它是针对问题,根据已有的知识经验对问题解决的可能方法、途径和答案的一种尝试。猜想与假设具有猜测性,需要进一步的实验验证或其他论证。

(三)制订计划与设计实验

对猜想与假设的验证需要根据研究的具体问题,制订出可行的探究计划,包括探究的目的和已有的条件、探究的对象和变量的定义、探究的过程和具体的方法以及如何有效搜集信息等。一般来说,物理探究式教学以实验为基础,因此需要设计实验,包括实验目的和原理、实验方法及器材、实验变量及其控制等都要做出具体的设计。

(四)进行实验与搜集证据

依据设计的方案进行实验探究是学生获得实证数据的重要途径。在这个过程中,学生要根据实验要求,合理安装实验器材,安全操作实验仪器,对较复杂或没有使用过的仪器,能读懂说明书并正确操作,对实验中出现的故障能及时排除,还要能够根据实验情况调整实验方案。

在实验中,能正确操纵实验变量,正确观察实验现象,如实记录实验数据。除实验之外,探究式教学往往还要通过其他途径和形式,如观察调查、查阅文献、上网等,搜集有价值的证据。

(五)分析与论证

分析与论证是指学生运用分析比较、综合归纳等方法,对搜集的证据和实验数据进行处理、解释和描述,并尝试根据实验现象和数据得出结论。在这个过程中,探究者需要将探究的结果与自己已有的知识联系起来,通过论证找到事物的因果关系,形成对问题的科学解释,或提出新的观点和见解。

（六）评估

评估是探究式教学不可缺少的环节。它是对探究计划的合理性实验结果与假设的差异性、证据搜集的周密性、操作过程的科学性等作出判断的过程。如果实验的结论与假设不吻合，需要在分析原因、吸取教训、总结经验的基础上重新提出假设，或者改进探究方案。

（七）合作与交流

合作与交流也是探究式教学的重要环节。一方面，科学探究本身就离不开合作与交流，一个科学问题的探究往往需要在集思广益的合作与交流中完善探究计划，在角色扮演中实现探究的分工；另一方面，同一问题的探究往往有不同的方法、不同的过程、不同的结论，这时就需要通过交流识别各个研究方法、研究过程的优劣，来辨别每个研究结论的真伪和完备。在交流过程中，参与者不仅可以解释自己探究计划以及探究过程形成的见解，还需要认真听取他人的意见，通过对不同观点进行辩论，得到启发，学会尊重他人，从而体验合作与交流的意义。

从理论上讲，物理探究式教学应该包含以上几个方面的环节，但具体实施过程中，它既可以是完整的，也可以是灵活的，也就是说，既可以包括以上所有环节的活动，也可以是其中部分环节的活动，即便是活动的顺序也可以变换。

三、物理探究式教学的形式

在探究式教学过程中，根据问题的难易程度、学生探究能力的强弱和学生知识水平的高低，探究式教学可以有不同的活动方式。

（一）导向性探究式教学

导向性探究式教学是指在教师充分研究学生的认知特点、认知水平和知识结构的基础上，创设问题情景，激发学生的学习兴趣与动机，引导学生提出问题，猜想、假设、实验验证或理性分析发现物理现象、物理概念、物理规律的本质，完成对已有知识和新知识的重组，实现新知识的意义构建。这种引导性的探究学习方式可以较好地克服探究学习费时的缺点，有效地发挥教师的指导作用。同时，由于在提出问题、猜想、假设、设计、实验验证、理性分析、评价交流的活动中教师引导作用的程度不同，学生的自主探究程度也是不同的，因此从具体的教学活动来看，这种探究学习也是非常多样化的。

（二）自主性探究式学习

自主性探究式学习是指学生通过完全自主地探究活动来进行学习的过程。诸如观察、提出问题、猜测假定、制订探究计划、实验、论证、评价交流等探究活动都是学生主动地、独立地和自主地完成。特别是在大学物理探究式教学中,大学生的自主能力较强,能够更好地进行自主性探究式学习。

第四节　大学物理课堂教学方法的综合运用

教学实践证明,任何一种教学方法都有其优点和缺点,不存在万能的教学方法。因此,在实际教学中,教师能否正确选择和运用教学方法,成为影响教学质量的重要因素之一。教师只有综合考虑教学中的各种有关因素,选择恰当的教学方法,并合理地加以组合,才可能使教学效果达到最优化;反之,就可能给教学活动造成不利的影响。物理教学方法的选择与运用,主要根据教学目标、教学内容、学生特点、教师特点及其他教学条件来加以综合运用,以达到最佳的教学效果。

一、要符合现代教学理念和教学目标

择优选择教学方法,必须根据现代教学的理念。现代大学物理教学理念包括:一是在课程目标上注重提高全体学生的科学素养,为学生终身发展、应对现代社会和未来发展的挑战奠定基础。二是在教学内容上体现时代性、基础性和选择性,教学要注意全体学生的共同基础,同时应该针对学生的兴趣、发展潜能和今后的职业需求,让学生自主地、富有个性地学习。三是在教学方式上注重自主学习,提倡教学方法多样化,特别强调科学探究式教学,以培养学生的科学探究能力,逐步形成科学态度与科学精神。四是在教学评价上强调更新观念,体现评价的内在激励功能和诊断功能,促进学生的发展。这些现代教学理念是选择和运用教学方法的根本依据。

同时,教学方法是为实现教学目的,完成教学任务服务的,实现不同的教学目的需要不同的教学方法去完成。如果教学目的是要传授物理新概念,那么选择以讲授法为主的教学方法则是可行的;如果教学目的是要形成学生实验操作技能和技巧,那么就应该选择以实验法为主的教学方法;如果要把培养学生的交流能力作为重要的教学目标,则要选择讨论为主要的教学方法;如果要培养学生的科学探究能力,则探究式教学方法是首先要采用的方法。

相同内容的教学,各人的教学信念和教学目标不同,采用的方法也可能是不同的。

可以说,任何教师对教学方法的选择和运用,都是在一定的教学信念和教学目

标的指导下进行的。教师信奉何种教学理念，相信哪种教学方法的效能，要达到何种教学目标，都会对教学方法的综合运用有显性或隐性的作用。[①]

二、要体现教学内容的特点

教学方法的选择应该与物理教材内容的特点相适应。物理学是由物理现象，物理事件，物理概念、规律、原理和方法组成的理论体系。在这一体系中，不同的内容具有不同的特点，需要选择不同的教学方法。例如，定性的物理概念往往可以通过列举事实运用逻辑分析的方法形成，因此运用讲授法是合适的，而定量的物理概念则一般需要数据的测量、分析，比较、综合、归纳等过程才能形成，因此需要运用实验法或实验探究法。物理规律的教学，则可以根据学生的特点，安排一些需要探究活动进行学习的方法。

物理学是以实验为基础的学科，是一门探究的科学，在生活和生产中有广泛的应用。许多教学内容都有实验、有探究的问题，也有生活和生产中应用的问题。在这些教学内容中，应当较多采用实验法、探究法、讨论法的综合运用。

三、要符合学生的特点

教学方法的选择要考虑学生的年龄特征、知识基础等特点。首先，学生的年龄差异产生心理发展水平的差异，对不同年龄阶段的学生，教学方法也要不同。例如，大学生以形象思维为主，宜更多地选择观察法、实验法、导向的探究法等教学方法，这样既符合学生的认知特点，又有助于学生体验物理学以实验为基础的学科特点。而对逻辑思维能力较强的大学生，可以更多地采用自主性较强的教学方法，如讨论法、实验法、探究法等。其次，学生知识基础的差异，也会影响教学方法的选择。例如，在学习某一物理概念时，如果学生已有有关该知识的感性认识或生活常识，那么，教师只需要通过一般的讲解，学生就可以理解，而不必采用直观教具的演示。反之，教师就必须采用实验演示的方法，丰富学生的感性认识。

四、要切合教师的教学素养

任何一种教学方法的选择，只有适应教师自身的教学素养条件，才能够为教师理解和掌握，才能发挥好的作用。有些教学方法虽然好，但如果教师由于缺乏必要的素养条件而不能正确使用，就不能在教学中产生好的教学效果。因此，教师在特长、弱点等教学个性上的不同，也是选择教学方法的重要依据。例如，有的教师擅长语言表述，描绘事物形象生动讲解过程条理清晰、分析问题透彻深入，讲解道理

①马磊.大学物理实验[M].重庆：重庆大学出版社，2022.

通俗易懂;有的教师擅长实验技能,通过物理演示实验来展示物理现象,讲清物理原理。有的教师善于引导学生思维,引导学生科学探究循序渐进,恰到好处。当然,这些不同特长的教师在选择教学方法时,其侧重是有所不同的。

总之,教师在选择教学方法时,应该根据自身的素养和条件,扬长避短,采用与自己条件相适应的教学方法。当然,作为一名教师,应发挥自身教学素养的优势,同时要不断学习,弥补自身的教学缺陷,不断提高运用不同教学方法的能力。

五、要切合其他教学条件

教学方法的选择要考虑所在学校的教学条件。有些教学方法的运用需要一定的教学设备和环境的支持。例如,对于实验设备充足、实验室宽敞的学校,实验教学法的实施就能得到比较好的物质保障,而信息技术和校园网络设备比较齐备的学校,则可以通过信息技术与物理教学整合创造出更有效的教学方法。

第三章 大学物理实验教学模式与教学方法创新

第一节 大学物理实验教学模式

一、大学物理实验教学模式的定义和要素

（一）大学物理实验教学模式的定义

物理教学模式是指在一定的教学思想和教学理论的指导下，为完成特定的物理教学任务或目标而形成的相对稳定且简明的教育实践活动的结构框架和活动程序。大学物理实验教学模式是在物理实验理论与实践相结合的基础上总结形成的，即在物理学教学思想或教学理论指导下，从整体上把握物理实验教学活动及教师、学生、实验仪器之间的关系和功能，在活动程序中突出实验教学的有序性和可操作性，最终建立起来的较为稳定的实验教学活动结构框架和活动程序。

（二）大学物理实验教学模式的要素分析

研究、应用教学模式要从理论基础、教学目标、操作程序、实现条件和教学评价五个方面进行，因此一个完整的大学物理实验教学模式应该包括以下五个要素。

1.理论基础

理论基础是指形成教学模式的教学理论或教育思想，是模式的灵魂和精髓。任何一个教学模式都有其赖以存在的理论基础。正如系统开创教学模式研究先河的美国学者乔以斯·威尔所说："每一个模式都有一个内在的理论基础。也就是说，它们的创造者向我们提供了一个说明我们为什么期望它们实现预期目标的原则。"一个优秀的物理实验教学模式一定是物理教学论、物理实验操作经验总结与学习论等相互交汇的产物。

2.教学目标

教学目标是指教学活动所要达到的教学结果，是一切教学活动的出发点和落脚点，它对于教学计划的制订、教学方法的调整、教学评价的实施都起着非常重要的指导作用。大学物理实验教学模式的教学目标是：培养学生的基本科学实验技

能,提高学生的科学实验基本素质,使学生初步掌握实验科学的思想和方法;培养学生的科学思维和创新意识,使学生掌握实验研究的基本方法,提高学生的分析能力和创新能力;培养学生理论联系实际和实事求是的科学作风、认真严谨的科学态度、积极主动的探索精神,提高学生的科学素养。

3.操作程序

操作程序是指教学与学习活动在时间上展开的逻辑步骤以及每个步骤的主要做法,每一种教学模式都有一套与之相对应的操作程序和步骤,大学物理实验教学模式的操作程序要根据实验的特点来制定。但在实际教学过程中,既有实验内容的展开顺序、教学方法交替运用的顺序,又有周围环境复杂因素的影响,因此,在具体的实施过程中要根据实际情况来灵活处理教师、学生与教学内容的关系以及操作程序在时间上的顺序。活动程序并不是一成不变的,而是要根据实际情况灵活调整。

4.实现条件

实现条件是指促使教学模式发挥其效应的各种条件,诸如教师、学生、课堂环境、教学内容、教学方法等多种条件的整合。为了促使教学模式充分发挥作用,达到教学目标,要整合利用教师、学生、课堂环境、教学内容、教学方法等多种条件,使这些条件达到最优状态。认真研究并保障大学物理教学模式的实现条件,既可以更好地掌握和运用大学物理教学模式,也可以成功地达到其预期目标。

5.教学评价

教学评价是指依据教学目标对教学过程及结果进行价值判断,并为教学活动提供相应的决策服务的活动。教学评价一般包括对教学过程中的学生、教师、教学环境、教学内容、教学手段和方法、教学管理等因素的评价,具有诊断、激励、调节作用,是优化大学物理实验教学模式的基本途径。①

二、大学物理实验教学模式的分类

大学物理实验教学是使学生在大学物理实验的基础上,依据循序渐进的原则学习物理知识和方法,训练实验技能,通过物理实验操作培养学生分析问题和解决问题的能力,通过设计性实验培养学生的主动意识和创新精神。

根据大学物理实验教学目标和教学任务,大学物理实验教学模式主要包括以下五种类型。

①杨华.大学物理教学演示实验[M].北京:科学出版社,2022.

（一）演示教学模式

物理教学中，演示实验是最直观、最能展示物理内涵的有效手段。演示实验是将日常生活或实践中不易观察到的或习以为常而未引起注意的物理现象凸显出来，并与理论相结合，使课堂讲授的理论具有鲜明生动而坚实的实验基础，使学生加深理解、巩固记忆、激发兴趣、诱导思考。大学物理课堂演示实验的目的在于配合课堂理论教学，让学生理解和掌握物理概念、物理规律，激发学生学习的兴趣。它可以将枯燥的物理实验操作变得生动，可以将抽象的物理知识转变为具体直观的实验现象，在建立概念、验证规律等方面起着重要的指导作用。但演示教学模式在实施时，往往是教师在前面演示，学生在座位上观察，缺乏对知识的深入引导和研讨，阻碍了学生主动学习，不利于培养学生思维能力和动手操作能力。

（二）引导—探究式教学模式

引导—探究式教学模式是在教师的引导下，学生带着自身发现的问题设计实验方案，通过实验探究的方法掌握物理概念和物理原理的教学模式。该模式的目的性较强，尤其是要重视探究活动的形式，因为学生导向与教师导向、开放式与封闭式、非结构式与结构式三个向度架构可以帮助教师计划与反思他们预定的教学形式，并增进实际教学活动运作的弹性和丰富性。在引导—探究式物理实验教学模式中教师有意识地把一些富有思考性、开放性、探究性的问题留给学生，将教学延伸到课外，深入引导学生的探究性活动，这有利于充分发挥学生的主体作用，有助于培养学生的物理学习兴趣，有利于充分挖掘学生的潜力，培养学生的创造性思维能力。但探究式教学模式一般只能在小班进行，而且需要良好的教学支持系统，教学需要的时间也较长，教学效率较低。

（三）分层次递进式教学模式

分层次递进式教学模式是指将课程体系与内容的展开“层次化”，使课程内容与教学方法的实施按由浅入深、由基础到研究的秩序进行，使课程的实施逐步“递进化”。分层次递进式教学模式体现了课程教学对人才的培养模式，转变了教与学的关系，突出了学生的主体地位，促进了教学向教研并重的方向发展，为优化教学结构、提高学生的实验技术水平提供了理论与实践依据。分层次递进式教学模式对教师的综合素质要求较高，它虽然使大学物理实验教学任务、目标愈加细致，但也加重了教学的工作量和难度，而且如果对大学物理实验课程体系与内容的层次划分不合理，还会提高大学物理实验的难度，让学生望而却步，影响学生学习的主动性。

(四)开放式教学模式

所谓开放式教学模式,是指以全面发展的科学理论为依据,以学生为主体的教育思想为指导,利用学生的求知欲望,激发学生的探索精神,尊重学生学习的主体地位;以学习物理知识为载体,训练他们的思维方法,培养他们的创新精神和创新能力的课堂教学模式。开放式教学模式改革了传统的教学方法,满足了素质教育和个性化教学要求,体现了以学生为中心、以学生个体发展为教育根本的教学理念,在培养学生良好的思维能力、分析解决问题的能力和创新能力方面起到了积极作用。开放式教学模式还充分利用了先进的科学技术,通过开发"物理实验开放教学管理系统"对开放式实验实行全面管理,以确保各项实验的顺利进行。开放式实验对教师的知识、能力和素质提出了更高的要求,在大学物理实验教学过程中,教师不仅要有序地组织好学生的实验,还要审查、评价学生提出的各种实验方案(包括研究性或设计性实验方案),解释各种实验现象,处理设备故障,这些对于教师来说是一个很大的挑战。

(五)计算机辅助教学模式

随着新技术在教育领域的广泛应用,电子教案、多媒体、计算机教学软件等现代化教学手段也逐步走入大学物理实验教学中。大学物理实验课程中引入的计算机辅助教学模式为:电子教案+CAI课件+网上辅导系统。利用现代化教学手段可以将抽象难懂的物理规律变成动态直观的演示过程,这增强了学生的形象思维能力。另外,建立网上辅导系统可以保证学生能随时查阅,提高复习效果。如今,我国大多数高校都投资建设了物理演示实验室和多媒体教室,这不仅给教师的讲课带来了方便,而且为学生提供了丰富多彩的视听环境,提高了学生的学习积极性,切实提高了教学效果。计算机辅助教学模式必须建立在合理的教学设计和相关理论的支持之上,并且要以完善的计算机辅助教学理论和创作优秀的CAI课件为支撑。计算机辅助教学模式的缺点主要包括:教育经费缺乏,大部分学校多媒体教室建设不完善,计算机辅助教学模式不能很好实施;有些教师对计算机辅助教学的认识存在片面性,片面强调声形兼备,导致有些教学环节与课堂脱节。

三、大学物理实验教学模式的运用

教学模式不是每个人都能自行设计的,对于大多数教师来说,主要还是对现有教学模式的借鉴和运用。模式就是把解决问题的方法上升为理论的高度,是一种指导、"设计方案"或"蓝图",就像一个规划图有不同的设计方案一样,大学物理实验教学也有各种各样的模式。面对现有的各种各样的教学模式,如何运用现有的教学模式更好地实现我们现在的教学目标，培养出社会真正需要的人才是我们面临的一个选择性问题。

选择教学模式应根据教学目标。教学模式的针对性决定了选择教学模式必须以教学目标为依据，教学目标不同选取的模式就要有所不同。教学模式是一种教学手段，所以在教学活动实施之前，根据教学目标选择相应的教学方法和教学手段，有助于教学目标的顺利实现。大学物理实验的教学目标是让学生在学习现有物理知识的同时加深对原有物理知识的理解和掌握，以提高学生的动手能力、分析和解决问题的能力以及创新能力。因此在大学物理实验教学中选择的教学模式既要注重物理原理知识的教授，又要注重学生实践能力的培养。

选择教学模式要根据教学实际情况。教学实际情况包括教学环境、教师的能力水平以及学生的学习基础。教学模式可以只选择一种，也可以根据实际情况选择多种教学模式混合使用。当教学过程中发生一些临时突发情况时，教师应及时在各种教学模式之间进行转变，以保证教学活动顺利完成。

教师要想运用好一个模式就要经历三个阶段："无式"—"有式"—"无式"。先要广泛地学习各种先进的教学模式，并完全领会各教学模式的精神实质来指导教学实践，为建立自身的教学模式做理论和实践的准备。当积累了丰富的教学经验之后，再对自己多年实践进行认真的总结反思，并结合自身所学习的教学理论，构建与实际相适应的教学模式。最后就是真正做到"教学有法、教无定法"，从"有式"最终走向"无式"。

四、大学物理实验教学模式的建构

在科学方法论中，模式方法是一种重要的研究方法，它可以分析问题、简化问题，并使问题得到较好的解决。建构大学物理实验教学模式也正是为了解决现在大学物理实验教学中存在的各种各样的问题。

（一）大学物理实验教学模式的建构原则

1.重视学生学习过程原则

学生各种能力的发展和他们在学习过程中的各种表现紧密相连，在教学中不仅要关注学生在学习过程中所获得的静态知识，更要关注学生学习的动态过程，因为学生的学习过程是学生认知、情感、意志、态度集中表现的过程。大学物理实验是一门理论与实际联系紧密、操作性较强的学科，很多知识都是在具体操作中学到的。因此，大学物理实验教学应该重视学生学习过程，并充分调动学生的学习积极性，让学生全身心地投入实验学习，使学生通过知识体验走进物理学，感受和理解物理实验知识的内在意义，培养其科学的思维方法，让学生对所学知识进行判断、选择、运用，进而有所发现、有所创造。

2. 重视学生知识应用过程原则

大学物理实验教学的一个基本特征就是学以致用。物理知识是人类在生活、生产、社会实践中获得经验的总结，所以学习物理知识如果局限于课堂上书本中的理论学习是不够的，必须将理论知识与实际操作联系起来，只有注重物理知识的实际应用，才能把知识学好、用好。大学物理实验教学就是教师引导学生运用知识解决实际问题，使学生学会在做中学。通过知识的应用发现问题、分析问题、解决问题，并让学生养成尊重科学、尊重客观事实的习惯，逐步培养学生发展运用科学知识解决实际问题的能力。

3. 重视学生亲身体验知识获得过程原则

物理是一门实用性很强的科学。大学物理实验的操作过程就是让学生在实践中认知、明理、发展的过程，是引导学生亲身体验知识获得的过程，让学生通过亲身经历，学习物理学知识，从中得到锻炼和培养。大学物理实验教学要符合学生认知特点，重视学生亲身体验知识获得的过程，激发学生的学习兴趣，引导学生通过探索物理现象，揭示隐藏其中的物理规律，并将其应用于生产生活实际，从而培养学生良好的思维习惯和初步的科学实践能力。

4. 重视学生参与教学过程协同原则

著名的心理学家维果茨基提出："学习是人所特有的高级心理结构与机能，这种机能不是从内部自发产生的，而只能产生于人们的协同活动和人与人的交往之中；这种高级心理机能最初形成于人的外部活动中，并在活动中逐渐内化，成为人的内部各种复杂心理过程和结构。因此，人的心理发展既是个体的又是社会的，个体的知识建构过程和社会共享的理解过程是不可分离的。"大学物理实验教学是一种集体活动，具有协同性，学生以小组形式参与教学过程，在学习过程中，学生共同进行讨论，彼此帮助，相互依赖。它主张全体学生积极参与，提倡学生独立学习和合作学习。学生参与教学过程协同原则不只是学习信息的交流和探讨，更重要的是心灵的沟通、思维的"碰撞"，由此可以促进学习者协同学习与工作能力、组织能力、交往能力、合作能力的提高以及知识经验的内化和团队精神的孕育。

（二）大学物理实验教学模式的建构方法

建构教学模式的方法有很多种，根据查有梁先生在《教育建模》一书中的描述，建构教学模式的方法大概有三种。

第一种方法：从客观事物的"原型"出发，按照研究的目的，将"原型"抽象为认识论上的模式,然后通过对模式的研究与运用,获得对客观事物“原型”更为深刻的认知,进而不断修正和完善所建立的模式。

第二种方法:从教学中存在的种种问题出发,通过对问题的解决来建立教学模式,并以解决问题作为检验教学模式是否合理的标准。这种方法建立的教学模式更具有针对性,更有明确的实施目的。

第三种方法:教学模式是教学理论与实践的中介。一方面,教学模式来源于实践,是对具体教学活动方式进行概括、加工的结果,是把握教学活动整体及各要素之间内部的关系和功能的一种相对稳定的操作框架,有着特定的内在逻辑关系,其意义已上升到理论层面。另一方面,教学模式是某种教学理论在特定条件下的一种表现方式,它不只是简单地反映现有的教学经验,还要将各个教学经验通过概括和系统地整理形成教学模式,从而上升到理论的高度来反映相应教学理论的基本特征,便于人们对教学理论的理解,以促进教学理论指导具体教学活动,并在实践中得以运用和发展。

查有梁先生将一般的模式理论和教育建模原理贯穿研究教育建模的始终,将教育建模上升到方法论的高度,创造性地提出了上述三种建模的方法和程序,把教育建模与教育过程的研究、认识论和系统论的研究、具体案例的分析结合起来,让教师学会如何根据教学实际情况,有针对性地建构新的有效的教育模式。

研究教学模式既有科学方法论上的依据,也是教育理论和实践发展的需要。大学物理实验中的物理学理论与实践研究的结合性很强,因此要想在大学物理实验教学中取得理想的效果,就必须建构相应的教学模式。随着社会的发展变化,原有的教学模式已不再适应现在社会的要求,构建新的符合大学物理实验课程教学基本要求的教学模式势在必行。

在大学物理实验教学中,我们要打破传统观念,构建新型的教学模式,培养学生的创新思维能力。笔者通过对大学物理实验教学现状进行调查研究,结合自身的教学实践,总结出一套大学物理实验教学模式——“3+1”教学模式,即学生准备工作、课内导学和课后ITS智能导学、实际操作、总结创新,并对其进行了理论和实践研究。

第二节 大学物理实验教学理念的变革

一、大学物理实验的重要性的认识

18世纪末，氧的发现者普利斯特列强调，人们应当在年轻时就习惯于观察和实验，“特别是他们应当在年轻时开始研究理论和实践，由此可以把许多以往的发现真正地变成他们自己的东西，因为这样，这些发现将对他们更有价值得多”。这些观点深刻地揭示了实验在知识的继承和创新中的地位和功能，有利于提高人们对实验的教育价值的认识。

其实在科学发展的早期，把理论与实践紧密联系并成绩斐然的例子就不胜枚举。一位物理学家同时也是一位工程师，牛顿就是一个典型的例子。牛顿作为一位结构工程师所设计的木结构桥，至今仍矗立在英国剑桥大学校园里。欧拉是举世闻名的大数学家，同时也是一位对工程结构的稳定性问题作出伟大贡献的杰出工程师。

美籍华人丁肇中在获得诺贝尔奖的颁奖大会上说：“我希望通过我得到诺贝尔奖能提高中国人对实验的认识。”

物理实验的重要性，从历年来诺贝尔物理学奖的颁发情况也可得到证明。据统计，从1901年到1999年的99年中，诺贝尔物理学奖共颁奖93次，158人获奖，获奖项目中69.2%属于实验项目。今天，这个比例仍在不断上升，物理实验直接影响着整个自然科学的发展。物理实验教学直接承担着学生动手能力和科学素质培养的任务，其理所应当在教学中占有重要的地位以及发挥更大的作用。

大学物理实验作为独立的必修课，既是对其学科特点的确认，也是对其重要性的肯定。作为基础实验课程，它具有基础关键性、系统衔接性、科学实用性、应用培养性等特点。这也就决定了大学物理实验教学的本质，是对大学生在基本科学方法和技能、基础科研素质和能力等方面的养成教育，对培养适应21世纪社会经济、科技文化发展的人才具有十分重要的意义。

目前，我国经济迅速发展，市场经济对高校毕业生的要求发生了很大变化，尤其要求大学毕业生应具有较强的动手能力、工作能力、分析和解决问题的能力。这一切就要求高校教育中实践环节有一个大的改变，要用现代教学论的基本观点来组织、指导教学。大学物理实验应遵循实验课自身的规律和体系，把物理实验从原有的辅助教学、验证实验的教学模式中解放出来，形成具有自己专业特点、专业目的的一种新型独立学科，培养学生运用实验方法和手段研究问题的能力，扩展学生知识面，增长学生见识，使大学物理实验课程成为学生通向现代科学技术、现代社会的桥梁。①

二、教学思想与教学理念的研究

（一）教学思想与教学理念

教育是千秋大业，决定着一代人的精神风貌和实际才干，是未来社会的希望。我们的教育不应只重视“死知识”的传授，更要树立“为学生服务”的思想。教育工作者要针对新形势、新情况，以人为本，研究教育的新思想、新理念。

物理实验教学是大学生首次接受系统训练的实践教学，其改革成败、教学质量、学生的学习兴趣直接影响后续实践教学，物理实验教学的改革是整个实践教学改革的关键。

爱因斯坦曾说：“兴趣是最好的老师。”物理实验的重要性，教师可以通过历年来诺贝尔物理学奖的颁发情况，用数据说话，使学生认识到物理实验与其他学科间的关系，以提高学生的学习兴趣；通过物理学对现代社会生活的巨大贡献，用身边发明创造的实例说明实验的作用；用学生崇拜的科学家的成长历程启发学生对实验的认知。

清华大学名师叶企孙先生在一次课间看到李政道在自学一本不属于指定课程的参考书，看出这名学生有超群的理论天赋，就对李政道说：“你可免听我的讲课，只自学和参加大考即可，这样学习效率更高。但是实验课不能免，必须认真做。”之后，叶企孙又关照他要重视实验：“若实验不好，理论无论学得多么好，也不能给高分。”1998年6月，李政道在上海举行的纪念叶企孙一百周年诞辰大会上说，叶企孙老师当年的这一教导终生难忘，因为理论与实验的关系是科学思维方法的关键，含糊不得，科学态度、科学精神、科学思维方法与作风是素质中最重要的，而实验教学的目标正是涵盖了这些内容。

科学精神的培养是自然科学教育的重要目标。科学精神是指人们在长期的科学活动中所陶冶和积淀的价值观念、思维方式和行为准则等的总和。正如叶圣陶先生所说：“教育真正的旨趣在于学生把老师教给他的所有知识都忘却之后，还有受用终生的东西，那种教育才是最好的教育。”这就给教育带来极大的挑战。注重研究教育思想和教育理论，通过实验教学能为学生积淀下终身受益的科学素质，这

①赵玉娜，马俊刚，王林杰，等.新工科背景下的大学物理实验教学方法探索与实践[J].科技风，2024(16)：103-105.

将是实验教学期待的效果。

(二)两种不同教学观的比较研究

在教育中存在两种不同的教学观,即以“学科为中心”的传统教学论和以“学生发展为中心”的现代教学论。两者在教学目的、教学方法、认知过程和师生关系等方面都有较大差异。

传统教学论认为学生认识和掌握了知识就算达到了目的,注重结果,忽略过程。而现代教学论则认为,教学过程既是一个认识过程,又是一个发展过程,认识和发展是相互依赖、不可分割。教学过程既要促进认识,完成从不知到知的过程,让学生掌握知识,也要促进学生的发展。

传统教学论把传授知识摆在首位,现代教学论则从课程设计的角度出发,认为教师不仅是知识的传播者,更是课程的设计者。教师的责任是通过设计课程把学生引入学习情境,让学生亲自探求知识,完成认知过程。

传统教学论以“行为主义心理学”为基础,认为人的一切反应都是刺激的结果。现代教学论以“认知心理学”为基础,认为人的反应不仅取决于刺激,更取决于个体内部因素。学习过程主要是人的认识思维活动的主动构建过程,是学习者通过自身原有的知识经验与外界交互活动,获取新知识的过程。外界施加的信息只有通过学习者主动构建才能变成自身的知识。因此教学中要强调创造情境、启发引导。

传统的教学论认为,教师是知识的拥有者和传播者,是教学活动的主角,强调教师的权威感。而现代教学论则要求教师由知识的传播者、灌输者变为学生学习的组织者、帮助者和促进者,教师将从教学活动主角变为教学活动的导演。

以学生发展为中心的教育观,把物理实验作为发展学生个性、启迪学生创造性思维、启发学生主动获取知识、培养学生创新能力的最佳环境。而传统教学论则着眼于学生高效率继承前人的知识,掌握前人的技能,把物理实验教学作为教师传授知识、学生巩固和理解知识的辅助教学手段。

三、变革大学物理实验的教学理念

大学物理实验课程的教学改革是一项极其复杂的工作,它不仅包括教学内容与体系的改革,还包括教学方法和教学手段的改革以及学生能力和素质的培养等,是一项系统工程。

观念的更新是深化实验教学改革、提高实验教学质量的先决条件。教师应更新教育观念,用现代教学论的思想指导教学实践,并注意运用心理学理论,将新的教育理念渗透课堂教学活动中,研究教学模式,指导学生时持有一份平等开放的心态，与学生增强交互性，养成终身学习的习惯。教师不仅应具有广博的物理知识、教育知识，而且应具有丰富物理实验知识和科研实践能力，力争成为现代教育的多面手。现代学校教学更为重要的目标是通过传授一定的知识和经验，使学生掌握获取新知识、熟悉新知识的方法，并养成独立判断、独立处理问题的能力和不断更新自己知识的性格倾向。

我国高校工科专业在校生培养规模位居世界前列，但工程教育创新、人才培养质量等方面仍有较大的提升空间。在新形势下和教育改革中，物理实验课程的地位应当加强而不是削弱，提高人才素质的有效途径之一是实验教学环节，教师应意识到物理实验在现代工程教育中的地位。只有加强实验教学环节，使学生更加自觉地认识“知识、能力、素质”三者的关系，并在实验教学过程中，注重实现“传统与现代”“知识与能力”“技能与创新”的有机结合，才能把大学物理实验课程建设成为既是现代科学技术的基础课，又是学生科学素质的基础课，以拓宽学生的知识面，培养学生各方面的综合素质，使学生在有限的时间内学到更多的知识，掌握更多的技能，成为21世纪具有应用能力和创新能力的人才。

因此，成为教育理念变更有力支撑的，应是大学物理实验教学内容的调整、教学模式的研究、教学方法的探寻，着重体现“加强基础、理工融合、工借理势、理势工发”的指导思想，促进“知识、能力、素质”三者的和谐发展。所谓“工借理势”是指工科专业通过强化科学基础教育来使受教育者获得一种可以在工程实践中终身受益的理论功底、科学素养和发展后劲；而“理势工发”则是指理科专业借助于强化工程背景教育来培养受教育者理论联系实际的精神和学风，从而使受教育者的理学优势能够在工程意识的引导和促进下得以充分发挥。

第三节　大学物理实验教学方法的探索

在我国的高等教育中，要达到大学物理实验课程应有的教学目标与效果，培养优秀的具有科学素养的创新型人才，除需要国家和学校的财政投入与支持外，也需要从教学与考核的体制、课程体系的建设与创新上下功夫，需要学生、教师在学习与教学上共同配合与努力。

一、提高学生对大学实验的重视性与积极性

第一，要加强学生对大学物理正确的认识，从物理学史出发，讲解物理实验对

于物理学发展乃至整个社会发展所起到的重要作用,以提高大学新生对物理实验的重视程度,了解它的严谨性与科学性。

第二,要让学生了解物理学理论和物理实验同等重要,让他们知道物理实验并不是处于一个从属地位上,物理理论与物理实验是一种交错前进、螺旋上升的关系,缺一不可。

第三,要强调当代社会对大学生动手操作能力、实践能力、综合素质与创新能力的要求越来越高,而大学物理实验正好可以培养和提高学生在以后的科研与工作中所需的这些能力。

第四,我们要针对高中物理实验教学的特点,与大学物理课程进行一定的衔接,可以在大学生做大学物理实验之前加强普通物理演示实验教学,尽量注重该类实验的可观性、趣味性、新颖性及广泛性,并尽量做到日常时间的开放。这样可以激发学生的好奇心和求知欲,改变学生在高中阶段对物理实验的惯性思维和认识。

第五,加强对学生在物理实验前的正确引导,允许学生提前旁听和预习要做的实验内容,尤其是实验仪器的原理构造,只有亲眼看到才能更好地理解与把握,这样可以消除学生心中对实验的畏难情绪,使学生怀着一个轻松和积极的心态去面对物理实验。①

二、从物理实验的原理与设计上探索物理思想

国内外不少知名物理学者均提出,在大学物理实验的实际教学中,要特别注意引导学生对于物理思想的思考与探索,物理思想贯穿物理实验中的各个环节,从实验原理的选定与设计到实验的方法和过程都包含深刻的物理思想,均需要我们去细心体会。

那么,怎么样才能在实验教学中使学生对所学知识有发散性、全面性的掌握和思考呢?学生应该抱着什么样的态度去看待物理实验呢?怎么有效利用实验仪器并突破实验仪器的限制去获取更多的东西呢?

(一)历史上的经典物理学实验的巧妙思想

历史上许多卓越的物理实验,已经超越了单个实验而具有普遍的指导意义,包含丰富的物理思想,为人们解决各种问题提供了思路与方向。

多年前,两位美国学者在物理学家中做了一份问卷调查,请他们提名有史以来十大物理实验,其调查结果刊登在了《物理世界杂志》上。这些被提名的实验的经

①谷卓,高永浩,石薇,等.生活化物理实验在大学物理教学中的实践探究[J].物理通报,2024(06):14-16,21.

典之处在于它们用十分巧妙的方法，成功地显示或测出了相对于人们日常生活中的宏观量或微观量，如埃拉托色尼测量地球圆周（宏观量）、罗伯特·密立根测量电子电位电荷量（微观量）、傅科钟摆试验让人们清楚明了地观察到了地球的自转等。

能够进入物理实验室的实验，一定是物理实验中思想和设计上的经典，有很多值得学生学习、借鉴和深思的地方。因此学生可以通过实验原理和实验仪器的设计去探索物理思想。

（二）探寻物理实验的巧妙思想与设计美学

学生通常从实验预习到实验操作获得实验数据，再到实验报告的编写，这样的操作似乎完成了整个实验的流程，其实中间忽略了重要的一环，即这个实验为什么要这样去设计，这个实验是怎么从实验的各个阶段除去干扰因素以达到最好的实验显著性效果，以增强实验的可行性与可操作性。

下面分别以弹性模量测量实验、光的干涉实验为例，去探讨应该怎样去探寻物理实验的巧妙思想与设计美学，找到解决同类问题的共同之道。

1.拉伸法测量弹性模量实验解析

任何物体在外力作用下都会发生形变，类似于胡克定律中的弹簧，只要形变不超过一定限度，即在弹性形变以内，物体内部产生的回复力（内应力）与其形变程度成正比，这个正比例系数就是弹性模量。金属丝日常生活中经常见到但很少有人观察到它的形变，因为它的弹性模量过大，不易被拉伸。

在此实验中：

$$\frac{F}{S}=E\frac{\Delta l}{l}$$

得出：

$$E=\frac{F/S}{\Delta l/l}$$

在上式中，金属丝长度容易测出，横截面积S也可以由测量其直径D间接算出，关键是在小量Δl的测量上。历史上著名的卡文迪许实验解决问题的思路是，将不易观察的微小变化量，转化为容易观察的显著变化量，再根据显著变化量与微小量的关系算出微小的变化量，实验中将微小量进行了两次放大。

第一，尽可能地增大了T型架连接两球的长度使两球间万有引力产生较大的力矩，在力矩平衡条件下，由于石英丝很细，其力臂很小，所以石英丝上可以引起较大的扭力以促使它有更大的扭转角度。

第二，尽量地增大弧度尺与系统的距离，使与石英丝一起转动的小镜子的反射光在弧线上转动较大角度,相当于进一步放大了石英丝的扭转。

在弹性模量测量实验中我们采用了第二种放大方式,即人们常说的光杠杆镜尺法,利用金属丝微小的拉伸伸长量带动与其底座相连的小平面镜俯仰角度的变化,进而引起照射到它的光线标尺有大距离的平移,还利用了另一个平面镜进行二次反射可以在实验台范围内进一步拉大标尺光线转动的距离。在金属丝上施加力F与其形变量Δl成正比,其中这个正比例系数K中包含我们所要求的弹性模量E。我们在此过程中的反向思路是光标尺移动距离→平面镜转动角度→金属丝拉伸长度。

光杠杆法原理结构简单,但非常有效,常用于位置与长度的细微的变化。通常能有几十倍甚至数百倍的放大率。

2.光的干涉实验解析

我们在学到光的干涉性质时,按照物理理论课知识,相干光发生干涉时会形成明暗相间的条纹。我们知道,光形成稳定干涉需要频率相同,条纹的明暗取决于相干光是加强还是减弱,即取决于光程差(或相位差)是波长的整数倍还是半整数倍。那么,这个干涉我们需要怎么去实现呢?实现了这个干涉后能有什么用呢?这都是我们需要认真思考的地方。

首先在相干光的获得上,在发现受激辐射、发明激光之前,人们常见的只有白光,但白光是多频率的复合光,所以托马斯·杨通过一个小针孔S_0的一束光,再通过两个小针孔S_1和S_2,变成两束光。由于这样的两束光来自同一光源,所以它们是相干的。结果表明,在光屏上果然看见了明暗相间的干涉图样。后来,托马斯·杨又以狭缝代替针孔增强了光强进行了双缝实验,得到了更明亮的干涉条纹,而在各种激光器出现的今天,光的强度和稳定相干性都得到了保障。在大学物理实验中与此相关的实验有光的等厚干涉实验、迈克尔逊干涉仪的调节和使用。

在光的等厚干涉实验中,光源用的是钠黄光,光的干涉是用牛顿环器件来实现的,即把一块曲率半径较大的平凸玻璃放在一块光学平板玻璃上,平凸透镜的凸面和平板玻璃之间形成了一层空气薄膜间隔,从圆心向外这个空气间隙逐渐增大,因此导致光程差从里向外地逐步增大,从而形成了明暗相间的干涉圆环。满足关系式:

$$\delta_k=2d_k+\frac{\lambda}{2}=k\lambda\ (k=1,\ 2,\ 3,\ \cdots)\text{(明环)}$$

$$\delta_k=2d_k+\frac{\lambda}{2}=k\lambda\ (k=1,\ 2,\ 3,\ \cdots)\text{(暗环)}$$

而干涉圆环的疏密与光程差(空气间隙)改变的快慢有关,即与平凸玻璃的曲率半径有关，可由干涉环半径R_k，膜的厚度d_k，平凸透镜曲率半径R之间的关系式：

$$R^2=(R-d_k)^2+R_k^2$$

再结合上式得出：

$$R_k^2=2Rd_k=kR\lambda,\ k=1,\ 2,\ 3,\ \cdots(\text{暗环})$$

在实际情况中，各光学仪器平整度不好或因为其他因素造成的变形造成了附加的光程差，亮暗纹也无明显界限，因此级数k和R_k都难以准确获得，如果我们采用差值法消去此误差，即：

$$R=\frac{D_m^2-D_n^2}{4(m-n)}$$

我们还可以将此过程推而广之，将此间隙换成劈尖甚至其他不规则类型，可以通过干涉条纹来反映间隙情况，由此可以测出微小厚度、角度，并用于检测光学元件的光洁度与平整度。我们知道，光程差不仅与距离有关，还与此处介质的折射率有关，如果此实验中光程差的改变不借由距离改变而引起折射率的变化，那么我们还可用以测量液体的折射率。

迈克尔逊干涉仪设计的初衷是测量地球在“以太”中的速度，虽然没有得到预期的结果，但它证明了光速的绝对性，即广义相对论中的光速不变原理，让人们抛弃了以太的存在。作为光学精密仪器的先驱与原型，它在光谱学和计量学上发挥了重大的作用，因此迈克尔逊被授予1907年度诺贝尔物理学奖。

迈克尔逊干涉仪是利用分光板将激光点光源分成等幅的透射光和反射光形成干涉源，透射光和反射光分别在平面镜的反射下重新聚于同一线照射在观察屏上形成干涉圆环，对两个点光源的干涉得知圆环的条纹间距。

$$\Delta r=r_{k-1}-r_k=\frac{\lambda Z^2}{2r_kd}$$

其中，d为两反射平面镜的等效间距，λ为光源波长，r_k为k级圆环半径，Z为光源到光屏的距离。

我们可以得出以下结论：

越靠近中心的干涉圆环，Δr越大，干涉圆环外密内疏。

d越小，Δr越大，即两平面镜距离大小影响条纹疏密。

Z越大，Δr越大，即光源与接收屏距离影响条纹间距。

波长越大，Δr越大。

在实际的实验中，通常难以准确测出上述各个物理量，如两个在垂直方向上的平面镜的等效距离，Δr为条纹间距，但条纹的明暗并没有明显的界线，Z值则由于实际光路也难以获得，所以可以在圆心处观察零级条纹得出：

$$2d=k\lambda$$

其中，k 为干涉级次值，同样无法得知其值，如果采用的是相对量，就可以通过调节一个平面镜位置改变 d，则观察屏中心 d 值发生改变，即发生条纹吞吐现象，记吞吐数为 N，则公式变为：

$$2\Delta d=N\lambda$$

这样就得出了宏观量平面镜移动距离 Δd 与微观量波长 λ 的关系，可以利用光的波长进行微小距离的移动。

另外，光的干涉在测量介质折射率上可以发挥巨大的作用，尤其在介质折射率比较小时，比如空气，它的折射率约为1.00029，与真空中绝对值1相比差别在万分之三以内，直接利用折射原理去测量光线的偏折，由于折射率过小，其偏折角几乎不可能测出，就连分光计这样能很精确地测出光线角度的仪器也无能为力。

在物理理论知识中，除光的折射原理以外，我们在另一个地方看到折射率 n 的身影，那就是光程：

$$d=n_1d_1+n_1d_2+\cdots$$

于是我们利用光程与折射率成正比从而导致空气中与真空中的光程差：

$$\delta=d\,(n-1)$$

这样因为折射率 n 与真空绝对值1的不同，导致光程差达到实验中所采用的光的波长数量级或以上，就可以观测到圆环明暗条纹的显著变化，我们面临与牛顿环中同样的问题，我们无法知道光程差的真实值，因此又需要采用差值法，一般情况下，空气的折射率与其压强成正比，即：

$$n-1=k\,(p_0-0)$$

综上可以写出：

$$n=1+\frac{N\lambda}{2L}\times\frac{P_{amb}}{\Delta p}$$

所以就形成了从压强变化量→空气折射率变化量→光程差变化量→吞吐圆环数，这样就可以通过环数和压强两个较直观且准确的物理量测出空气折射量这个相对小量。

这些实验不仅在设计测量原理上十分巧妙，在消除干扰因素所引起的实验误差上也做足了功夫。一是要从原理上能测出；二是要保证尽可能精确，遵循物理实验设计时的正确性和显著性原则，使所要探讨的问题得到简化、强化而且纯化，使物理规律显著地展现出来。试想一下，如果我们面临同样的问题时是否也能够切实有效地解决呢？

三、改进考核方式促进教学

一个完整的物理实验教学课程一般分为四个部分：一是做实验前的预习；二是到实验室进行实验的操作；三是实验数据和结果的分析与处理；四是期末实验课程的考核。

(一)加强预习报告的检查

通常来说，普通大学实验课只有两三个学时，而要在有限的时间内比较完美地完成实验，以达到实验应有的效果，就需要学生在正式实验前进行提前预习，厘清实验的原理、操作及数据记录等问题。预习效果的好坏关系整个实验的成败，有些预习效果较差的学生会在实验过程中显得手足无措、进展不顺，在规定学时内完不成实验，就更别谈后期的实验数据处理了，出现这种情况的学生需重做实验，这对于学生来说是一种压力，同时也导致了教师工作量的增加。

虽然一般学校都有教师可以取消无预习报告的学生做实验的资格的规定，但有一部分学生照抄实验教材或讲义，预习报告貌似完美但对实验原理与仪器知之甚少。实验教师可在检查实验预习报告时或在学生进行实验操作的同时根据各个学生的情况进行口试的抽查，好处在于能从口试中发现问题并及时追问、纠正，可把口试计为预习成绩的一部分。

(二)注重学生实验操作和数据处理自主化考核

实验操作是学生锻炼思考能力和动手能力的一个重要环节，在这一步之前，教师可以把实验最基本原理和实验仪器基本结构讲得透彻，给出实验目的，实验步骤和事项尽量少讲，充分调动学生的主动性和积极性，在学生遇到问题时给予一定的指导即可，这样就可以锻炼学生分析、思考的能力以及解决问题和动手的能力，也有利于教师对学生做出客观、公正的评价。在实验的过程中并不一定要以学生实验进行的快慢或顺利与否作为唯一的评判标准，可以结合学生在自己或教师的指引下发现问题和解决问题的能力，以学生在实验中的认真程度和表现出来的创新力作为重要参考作出评价。

在实验数据的分析和处理上，一般包含各种数据的处理方法，如列表法、作图法，直线拟合性或学生利用计算机中各种软件进行有效分析，在这个方面，教师可不作太多硬性要求，可让学生根据数据的模式、繁杂程度等选取一种比较好的方式以得出最理想和接近的实验结果。

在对实验的误差分析上，学生可根据原理、步骤与各事项进行深入思考，并发现不足与误差如何产生，学生在实验后仍可对实验再进行权衡分析，针对各项可能产生的系统误差或仪器误差，分清各种影响因素的误差性质及其大小，给出一个合理的误差分析计算式，对自己的结果进行具体定量的分析，说明其可靠性。找出误差产生的主要因素，最忌只罗列出影响实验各种因素，有些说法可信，但忽略了其主次性，没有进行一个定量或半定量的说明，比如在一项长度测量中，某一微小因素是另一个因素影响误差的千分之一，这一因素对现今实验最后结果精度不产生影响，不提也可。在此过程中，只要学生说法合理可信，教师均可以根据情况进行适当评分。

（三）针对各实验增加开放性实验，引入实验附加分

为了进一步提高学生的能动性和创造力，可以允许学生针对自己做过的某一个或几个实验做一些适当的改进和探索，在已有实验仪器的基础上测出新的物理量，或进一步改进实验内容与方法，形式可以灵活多样，贴近生活。如利用光的干涉测出头发直径、某未知液体折射率、未知光线的波长等，让学生灵活运用物理方法处理解决问题，新的设计方案必须具体、详细、定量、可行。

在相当一部分学生心中仍存在分数至上的心态，分数也可作为一种激励和引导的方式，可以提高学生探索的主动性，在平时的实验中可以设定每设计做出一个实验给予5～10分的奖励附加分，以两个实验为上限，加到满分100为止。

对于期末考试的考核，笔者认为期末考核分为两部分比较合适，一是普通的以卷面形式和各个物理实验为材进行出题；二是从本学期所做的实验中按抽签的方式选出一个进行操作，两部分各占50%，由于不同实验的难易程度可能会有所不同，可以让各组实验学生的平均分相同，使公平性得到保障。

以卷面形式考试可以兼顾各个实验知识点，如实验原理与设计、实验现象、数据分析等，考查更具有全面性。以实际实验操作考核可以考查学生动手能力的强弱和对实验的掌握情况，同时也会使学生在平时的实验中更加认真和细心，学生会想："可能我在期末考试中还会遇到这个实验。"这样会进一步加强学生对物理实验操作的重视程度。

（四）重视实验质量，引入一定的淘汰率

在英、美等国家，学校对物理实验课相当重视，有比较严格的考核模式与制度。他们规定一定比例的淘汰率，很多课不给出具体的分数，只给出相应的等级，如A^+、A^-、B^+、B^-，一直到等级D，而D档则代表着不及格。事实表明，严格的考核制度和较高的淘汰率是保证优良教学质量必不可少的前提条件之一，教师要加强对这方面的重视。

一堂物理理论大课，教师可教近200名学生，做课件讲解即可。而一堂物理实验课，一位老师只能指导12～16人，专业物理实验人数就更少了，还需要耗费与其对应的仪器和其他资源，成本较高。

正因如此，教师就应该更加注重物理实验教学的质量，严格把关，不让学生对物理实验产生一种安逸、得过且过的心态，把实验课提升到与理论课对等的地位上来。

（五）加入免试、全试和论文制度

为了进一步增强学生对物理实验学习的积极性，让学生更加注意平时实验操作的锻炼与学习，可以考虑允许平时实验成绩达到平时总成绩85%或以上者进行免试，如果实验平时总分为70分，而学生在平时成绩为65分，则他具有免试资格，申请免试后他的成绩将为65÷0.7=93（分）。一些平时成绩不太理想而又有所进步的学生则可以通过期末考核所占的比例进行适当拉平，如更有信心，可申请全试，即期末考核分数所占比例放大到100分后为该学生的最终成绩。这样做可以使优生和后进生的主动性都得到有效提高，优生全为争取期末免试而努力，在平时做得不太好的后进生为提高成绩也会为期末的全试而做准备，相应地减少了师资力量和仪器设备不足所导致的压力。

另外，除了设计探索性和创新性实验之外，学生还可以自主地写一些关于物理实验的小论文，针对某一实验的实验内容与背景，实验仪器的缺陷与改进，或者是该实验的进一步深层次应用的探究，提出自己看法、思路及改进意见，附在平时的实验报告后。教师可根据学生的探索创新情况、论文的价值和质量，给予一定的分数，如遇抄袭情况可作适当减分处罚。

大学物理实验考核是整个教学环节中不可或缺的一部分，它是为教学服务的，目的在于自始至终重视大学物理实验课。实验课教学的内容和方式不同于其他理论，所以它需要适应自身的考核方式。通过考核，一方面可以反映物理实验课的教学质量与效果；另一方面可以了解学生对实验方法、技能等的掌握程度，通过考核找出教学中的不足之处，对平时的教学加以改进。

大学物理实验考核方式完全可以是一个动态的过程，各校可根据自己的条件与发展，如师资水平、学生素质、财政支持或教学目的等因素随时改变考核方式，让它更合时宜，让其充分发挥为教学服务的作用。

第四章 大学物理教学创新中的分层次教学实践

第一节 分层次教学的理论基础

一、分层次教学的概念

“分层”一词在冶金学、矿物学、审计学、文学等很多领域都有所涉及，虽然在不同的领域所代表的具体事件不一样，但其所表达的意思本质上是相通的，即事物的差异性、层次性。

在教育教学研究方面，站在学生的角度来看，有的以显性分层来进行分层次教学，即在十分明显的、学生知道的情况下按照学生的水平对其进行分层；有的实施隐性分层，即不公开学生所处的级别组别，但教师秘密地对学生的水平进行了分层；还有自主分层，即让学生对自己的水平有一个定位。综合他们的观点，都是强调关注学生的个体差异性，制订具有层次性的教学方案，使所有学生都得到最佳的发展。

总的来说，分层次教学是面向全体学生，层层递进地进行教学，使各个层次学生的学习需求都尽可能地得到满足，并且让学生学习的主体性发挥到极致，让有不同学习需求的学生主动在课堂上发展他们的潜能，目的就是希望所有的学生都能在已有的基础上充分得到发展和获得更大的提高。①

二、分层次教学的理论基础

（一）因材施教和量体裁衣思想

早在我国教育的萌芽阶段，古代伟大的思想家和教育家孔子，就留给了我们因材施教的思想。“因材施教”这个词语在《论语·先进》里就有体现：“求也退，故进之；由也兼人，故退之。”这一词的字面意思就是根据学习的人的资质来实行不同的教育，而这句话也表达出了孔子主张教师应该根据学生的实际情况来组织合适的教

①皮斌斌.分层次教学在大学物理实验课程中的实践研究[D].长沙：湖南大学，2020.

学活动,在照顾到学生个体差异的情况下,制定适合所有学生水平和接受能力的教学内容,从而使教学的深度、广度和进度能够让学生有所进步和获得尽可能的发展。

此外,春秋战国时期的另一位著名思想家、教育家墨子也提出了类似的量体裁衣思想,在《墨子·鲁问》中记录着越王让公尚劝说墨子去越国教导墨子,墨子回复公尚说:“我根据自己肚子的容积吃饭,衡量自己的身材裁制衣服,我和其他大臣相比都是臣子,怎么能因为给我封地而去做呢?”这番话所说的根据肚子的容量来吃饭、根据身材来做衣裳,实际上反映的是要根据实际情况来做事情,所谓“对症下药”也是这个道理。

分层次教学正是因材施教原则和量体裁衣观点最好的应用,综合这两者来看,实施分层次教学就是要求教师把握学生的个性特点,对学习能力或者性格不同的学生分层,依据不同层次学生对其设计不同的教学目标和教学内容,从而分门别类地展开合适的教学。

(二)掌握学习理论

在大多情况下,很多教师心里都有这样的想法:一个班级的学生中,只有小部分学生可以掌握得很好,一些学生可能学习情况会很差,还有一部分学生可能属于学习比较一般的那一类。美国著名的心理学家和教育学家本杰明·布鲁姆却不赞同这样的看法,因为教师的这些预想一旦传递给学生,就会影响学生的学习结果,也是承认了学生个体之间存在差异,就是在注意到了这样的教育情形的情况下,他提出了“掌握学习理论”。该理论是以“每一个学生都能学好”这一教学思想为主要观点,认为只要在学生需要的情况下为学生提供经常、及时的反馈以及给学生提供必要的个别化指导和所需的额外学习时间,几乎所有的学生都能掌握教学过程中需要学习的所有内容。由此可以看出,布鲁姆认为学生之间的能力差异实际上不是固定不变的,只要给予学生遇到困难时所需的帮助或者足够的学习时间,就可以避免实际学习的时间量和学习所需的时间量之间矛盾的存在,使每个学生都能学好知识。

每名教师都应该将掌握学习理论作为工作理念,坚信每一个学生都是能够学好的,只要教师用心关注他们的发展。以掌握学习理论为基础,分层次教学就是要对那些学习不太好的学生提供必要的个别辅导,给他们能够学好的机会,缩小他们与学习好的学生之间的差距,实现共同发展。

(三)教学过程最优化理论

苏联教育家、教学论专家巴班斯基把他一生的心血都贡献给了教育科学实验与研究，是苏联教育界十分具有影响力的人物，他教育思想的核心就是“教学过程最优化理论”，这一理论不仅在当时产生了广泛的影响，也在现代化教育改革中起到了积极的推动作用。巴班斯基在教育教学中主张：教学过程最优化，即要在全方位地将教学规律、教学原则以及现代教学的形式和方法作为依据的情况下，并且在很周全地顾虑到系统的特征及其内在和外在条件的基础之上，再对教学过程的组织加以调节，最终能够保障教学过程（在最优化的范围内）起到最有效的作用。教学过程最优化理论是把系统论、辩证唯物主义作为理论基础建立起来的，说明它具有科学性、创造性、完整性、实用性的特点。其实质就是要以最小的投入收获最好的产出，这里的投入是指学习的资源或者时间等因素，其中所谓产出指的是教学的质量或者成果等因素。

实际上，教学过程的最优化并不单单指教师将教学工作做到最好，还有其他深层含义。一方面，最优化包括要求教师的教学劳动和组织学生的学习活动都应该科学；另一方面，最优化实际指的是一个动态的变化过程。因此，教师在组织教学的过程中，应该遵循教学过程最优化的原则，经过全面地考察实际情况后，再科学地实施最佳的教学方案，也就是教师要做到将教学目标和教学内容具体化、选择最优的教学形式和方法、科学地执行教学计划并且进行效果分析。

分层次教学和教学过程最优化理论相符合，分层次教学以教学过程最优化理论作为依据，根据教学对象的个性特点，在遵循教学规律、教学原则的基础上有针对性地组织教学，它们的目的都是使教学过程达到最好的教学效果。

（四）个性全面和谐发展的教育思想

苏霍姆林斯基，是一位在苏联十分具有影响力的教育实践家和教育理论家，被称作“教育思想大师”，他倾尽自己的一生热爱教育、忠于教育，并在教育界留下了宝贵的理论经验，是诸多教育工作者学习的榜样。他“全面和谐发展的观点”贯穿于整个教育理论和教育实践，同时对当时苏联乃至当今世界的教育教学改革有着十分重要的意义。他主张这样的观点：全面和谐发展的人，既要具备高尚的道德思想，又要拥有丰富的科学文化素养，是能将社会需求和人的劳动和谐统一起来的人。他在个性全面和谐发展的思想中提到：所有的学生在德、智、体、美、劳各个方面都应该得到发展，并且在教育过程中这五个方面之间要能够相互作用。

那么在教育工作中，教育者就不能只注重学生学到了多少知识和考了多少分数，还应该注重他们思想和才能的变化，让学生在各个方面都得到和谐统一的提升。以大学物理实验的教学为例，学生了解实验的基本原理、学会规范操作是完成分层次教学实验的基础。此外，良好的科学素养、严谨的实验态度、敢于创新的精神、热爱实验的精神、终身学习的理念等也十分重要,教师在进行教学时应当重视,而不是仅满足于表面功夫。分层次教学以学生为中心,关注学生的发展,因而也会以学生的全面发展为重,应充分考虑学生的兴趣所在和个人所长,培养能为社会作出贡献的人才,实现学生在各个方面都能够得到发展。

(五)最近发展区理论

闻名世界的心理学家维果茨基,他提出的"最近发展区理论"对我国教学改革有着理论和实践方面深远而丰富的启示,并且对学生的发展有着积极而重要的影响。维果茨基注重儿童的教育与发展,他所提倡的观点是:学生的发展可以划分为两种水平,即学生实际现有的水平和学生借助外力之后可能达到的水平,前者表现为学生已经具备的自己独立解决问题的智力水平,后者可以说是学生需要成人的引导、帮助或者是需要在有能力的同伴的合作下才能解决问题的能力水平。而维果茨基在他的教育思想中所提到的"最近发展区",指的就是这两种水平之间的差距,有时它也被译为"潜在发展区"或"可能发展区",而每一个学生因为他们所处的家庭环境、社会环境、文化背景等不同,所掌握的经验也不尽相同,会处于不同的最近发展区。教师要做的就是缩小学生第一种水平和第二种水平之间的差距,即把重心放在学生的最近发展区上,在进行教学活动时给学生展示有难度的学习任务,帮助学生充分发挥他们的潜力,不断拓展学生的各种能力,进而达到下一层发展水平。长此以往,学生就能不断向前发展,这与分层次教学的核心思想是相符的。

第二节　大学物理分层次教学体系的建立

一、分层次教学的原则

(一)教学内容递进式原则

教学内容递进式原则,就是在安排教学内容时要注意层层递进、由易到难、由简到繁。由于人在发展过程中本就存在着差异,处在不同阶段、不同社会背景下的人,其发展不是统一性的,而且人与人之间在经验水平和智力水平上也都具有或多或少的差距,因此,只有关注学生的共同发展而选择因材施教,不忽视任何一个学生的发展可能性,为学生创造一个合适的条件,并根据学生的具体情况而确定所教知识的广度、深度和教学进度,让其亦步亦趋地战胜一级又一级未知区域,进而达到下一级发展水平,才能实现学生的全面发展。这既是因材施教思想的真实体现,也与最近发展区理论相符合。

大学物理实验这门课程在教学上,让低水平层次的学生从基础开始层层深入,使得他们在简单的知识中找到自信和学习的快乐,增加学生学习物理的兴趣和积极性,并为学习专业课打好基础,同时满足高水平层次的学生对知识和能力提升的需求,让这类学生找到知识之间的联系,在挑战困难并战胜困难的过程中取得相应的发展,启发学生的潜力。

(二)联系生活实际原则

联系生活实际原则,就是说所学的理论知识一定要和现实生活紧密联系在一起,脱离生活而只注重理论是比较危险的,也是难以让人接受的。物理作为一门自然科学,其学科特点本就是离不开生活实际,而且几乎每一个学生对于知识和生活之间的联系都比较感兴趣,运用物理知识讨论生活中的实际问题,让学生体会到学习物理在生活中具有一些实用性,有很大的现实意义,从而可以培养学生主动思考问题的习惯,并且很多时候生活中的经验能够有助于学生理解物理理论,在学习物理知识的过程中也有助于增长生活经验。

事实上,教师在课堂上注重物理来自我们身边的生活,学习物理也是为了服务于我们的生活,在课堂上引导学生多思考生活中与物理知识相关的问题,让学生学会分析实际问题,同时锻炼学生探究问题的能力。如今,我们的祖国正在向科技强国的目标前进,我国的科技也处于飞速发展的进程中,生活中不仅处处蕴含着小小的物理知识,国家的进步也和物理科学密不可分,将一些相关的科学现象引入课堂,对学生确定自己的人生理想并朝着目标奋进、激发他们的爱国情怀都有一定的积极影响。①

(三)注重创新发展原则

注重创新发展原则,指的是在教学实施的过程中应该有意识地培养学生的创新能力。创新能力,简单地说,就是能在各种实践过程中创造出可行的、有用的新思想和新方法的能力。大学生创新能力的培养,是贯彻科教兴国战略和我国人才培养的需要,是当今世界社会科技发展的需要,是实行素质教育的教育改革的需要,也是时代发展和社会进步的需要。因此,在大学物理实验教学中,大学生的创新发展也是不容忽略的。在创新能力的培养中,比较重要的就是思维能力和想象能力的培养,具体来说又可以分为七个方面:联想性思维、质疑性思维、逻辑推理思维、逆向性思维、类比性思维、归纳性思维、创新性思维。

①辛督强,张建祥,罗积军,等.基于翻转课堂的大学物理实验分层次教学实践[J].西部素质教育,2020,6(02):115-116.

由此可见，教师在组织教学活动的过程中，不仅要增强学生的创新意识，还应该注重对学生提出问题的艺术性，引导学生寻找事物之间的联系，善于设问或者创造疑问情景，鼓励学生对问题做出大胆猜想或者质疑，引导学生多推理概括和分析问题，组织学生采用假设法反向推论，带领学生对新旧知识多进行比较和归纳，让学生多学多做多悟，一个简单的知识学会之后就可以拓展练习，在掌握学习的方法之后就可以尝试创新。

(四)关注学生素养原则

关注学生素养原则，就是要以学生为本，保护和尊重学生是基础，关注学生的发展是重中之重。学生的素养能够反映出综合能力和专业素质，影响学生的学习能力甚至终身发展。根据因材施教的思想和个性全面和谐发展理论，教师在进行教学活动的过程中，不得不考虑到学生的身心发展水平和个性特点，个体与个体之间本就是独一无二的、是具有一定的差异性的，因此要根据学生的具体情况和性格特征，开展适合学生的教育教学活动，让学生获得尽可能多的发展。

关注学生素养，教师应该注意以下四点：一是教师必须高度重视学生的全面发展，要注重德、智、体、美、劳方面的整合，让学生成为对社会有用的人；二是教师应该通过给予学生足够的信任和宽容，让学生具备健康的心理，培养学生健全的人格；三是教师作为教学工作的主导者，要以学生为中心，学生才是学习的主体，课堂上应该根据学生的实际情况，注重营造积极活跃的学习氛围，引导学生愿学、会学；四是上完课后一定要有反思，这里的反思也包括在与学生的交流中得到建议或者意见以改进教学，只有通过反思才能及时发现教学过程中存在的问题，才能不断提高。

二、分层次教学的实施策略

(一)课前准备分层次

课前准备包括教师的学情分析、教学内容的制定和学生的课前预习。教师对学情进行分析的目的是了解学生的基础和能力水平，并由学生的具体情况决定选择什么样的教学内容，可以在课前大概了解一下每次上课的学生来自哪些专业、大学物理理论学习的基础如何，以及通过分析学生的预习情况，将学生分成高水平层次和低水平层次，出于对学生学习积极性和自尊心的保护，分层的情况不能让学生察觉到，只要教师心里明白就行，而预习的内容教师可以提前以问题的形式提出，问题要体现由基础到复杂的层次性。教师在备课时，应该注意明确教学目标，不同层次的学生对应的教学目标也应该分层，对于不同基础水平的学生自然要求不能一样。俗话说"一口吃不成胖子",说明人有多大能力就办多大事,做事情要循序渐进、由浅入深。在教学内容的准备方面,要注意紧密联系日常生活或者科学前沿,同时注意内容的逻辑性和递进方式,可以准备一些适量的问题在课堂上活跃气氛,问题应该起到引导学生思考的作用,难度要适中且与教学内容相关。

对于学生的预习部分,教师应该起到层层引导的作用。对于大多数实验的预习,教师都应该提醒学生可以以"是什么""为什么""怎么做"的层层递进的模式提前了解实验项目,"是什么"就是要熟悉实验相关的物理概念,"为什么"就是理解实验的相关原理,"怎么做"就是了解一下实验的相关操作步骤,哪些操作容易增大实验误差或者需要注意哪些操作的顺序,等等。这样既可以让学生有清晰的思路去准备实验理论,还可以锻炼他们的归纳总结能力,而不是被迫完成预习任务而随意抄书。

(二)课堂教学分层次

组织课堂教学是一门艺术,课堂组织得好,教学的效果就会事半功倍。在课堂上,教师心中要以学生为主,要有"学生是课堂的主体"的意识,于是在上课时应该尽可能地让每一位学生都学有所得,但是教室里的学生个体之间是有差异性的,他们来自全国不同的地区、来自不同的专业,所具有的智力水平和能力水平会有所不同,因此,教师心中要有分层意识。在讲解实验原理时,根据学生的个性特点和具体情况,要对内容的难易程度有所调整,遵循由浅到深、循序渐进的递进式原则,应该包含基础的理论理解和复杂的拓展思考。

同时,教师可以针对不同层次的学生设置不同的问题,利用提问的机会引导学生多思考、多质疑,让所有的学生都真正地参与到课堂学习中,这能使课堂氛围活跃起来。问题可以是日常生活中与之相关的思考,可以是与科学前沿相关的创新性的思考,可以是课内对相关知识点的理解性思考,可以是需通过查阅资料对其归纳性的思考等,实验操作部分也可易可难,可以是课内的,也可以是课外的。让低水平层次的学生掌握简单的实验原理,感受到实验的科学性和趣味性,以及物理科学家严谨的科学精神和独特的思维方式等,让高水平层次的学生在掌握基础内容之外,能够培养和提高他们的思维能力和创新能力。

(三)课后拓展分层次

课后的部分包括评价和反馈,教学评价也应该考虑到不同层次的学生,从而进行分层次评价。在大学物理实验课程中,对学生的评价可以从多个方面去考察,首先从预习情况可以判断学生是否有认真预习或者是否遇到什么困难,那么教师可以根据一定的标准给学生一个评分;其次就是在操作部分,可以从多个层次来考察，如操作是否科学、是否有错误，实验方法是否有创新性、独特性，这部分也可以根据学生动手实验的情况给出一个评分；最后就是实验报告的撰写和课后作业的完成情况，对于实验报告，可以对不同专业的学生做不同的要求，对于工科专业的学生可以做一份简单的实验报告，如只包括数据处理、误差分析、课后作业，对于理科专业的学生可以做一份详细的实验报告，包括实验过程、获得数据、数据处理的过程和方法、误差分析、课后作业等。

在课后作业的设置上也要求一定要有层次性，应该有易有难、有简有繁，可以让学生有选择性地完成，即设置成选做题，对于愿意全部都做并且回答得较好的在评分上应该高些。对于预习部分、操作部分、实验报告和课后作业部分可以根据不同专业的要求，评分的占比可以不相同。

第三节　大学物理分层次教学实践

大学物理分层次教学实践，以热电偶温度计定标教学为案例进行说明。

一、热电偶温度计定标教学目标与实验目的

（一）教学目标

对于低水平层次的学生，要了解热电偶及相关物理量的概念、热电偶温度计的工作原理；学会使用EH热学仪来测量热电偶定标曲线；培养善于思考、敢于探究的科学品质。

对于高水平层次的学生，要了解热电偶及相关物理量的概念、热电偶温度计的工作原理；学会使用EH热学仪探究热电式传感器的热电特性；会分析误差来源，培养思维能力和独立分析解决问题的能力；通过了解相关科学家发现物理原理的过程，学习科学家们肯钻研、善思考的科学探究精神。①

（二）实验目的

了解热电偶、温差电动势的概念以及热电偶温度计的工作原理；熟悉测量温差电动势的实验方法；会测定、绘制和使用热电偶的定标曲线。

①陈修芳．大学物理分层次教学模式探索[J]．科技视界，2018（11）：128，121.

二、热电偶温度计定标实验仪器与实验课程

(一)实验仪器

实验仪器:EH-4热学与传感实验系统。

(二)实验课程

教师:同学们好,今天我们要做的实验是热电偶温度计定标实验。"热电"表明今天的实验属于一种热与电之间转换的热电现象,"偶"就是两个的意思,说明这种热电现象的产生必须有两种材料。另外,由于热电效应,我们可以利用温度量和电量之间能够转换的特点应用于测温控温,即做成温度计来使用,而"定标"就是要给这种温度计定个标准,否则,当我们使用不同的温度计测量同一个温度时,不可能出现不一样的测量结果。

热电偶就是一种将非电信号(温度)转换成电信号(电动势)来测量的热电式传感器,同学们可以在网上搜索一些热电偶的图片,会发现有各种各样不同形状的热电偶。中学阶段,我们曾经学习了温度是一个表征物体冷热程度的物理量,其单位有摄氏度、开尔文、华氏度等以及大家接触比较多的温度计有酒精温度计、水银温度计,大家还记得它们的工作原理是什么吗?

学生:热胀冷缩。

教师:没错,根据固体、气体、液体热胀冷缩的原理可以制作成不同的温度计。我们还发现这两种温度计上面所标的刻度线是均匀分布的,而这种均匀标注刻度线之间的间距却不是随意获取的,它是由材料随温度变化而发生膨胀或者收缩程度的关系来决定的,这个系数就是大家学过的热膨胀系数。那么热电偶测量温度的标准又是什么呢?

学生:将温度变化转换成电压变化。

教师:早在1823年,一位德国的物理学家就发现把两种不同的导体或者半导体材料两端连接在一起,便能组成一个闭合回路,并且将两端接触点处于不同温度环境中时,回路中间出现了电动势。这种现象就是塞贝克效应,也是温差电效应的一种,产生这种现象的材料组合体就是热电偶。

温差电效应包括三个:一个是我们今天学习的塞贝克效应,另外两个是珀尔帖效应和汤姆逊效应。这几个现象十分有意思,其一,珀尔帖现象的发现者帕耳贴(Peltier)并不是正统出身的物理学家,而是自学成才的业余物理学家。他原本是一名钟表匠,30岁时才放弃原职业转而投身于科学研究领域。他在1834年发现:给几种不同导体组成的回路中通上电流时,不仅由于电流的热效应产生了不可逆的焦耳热(焦耳热是由于电流的热效应产生的),而且在几种导体接触的地方,还会

由于不同方向的电流流过而出现吸热或者放热的现象,这个原理可以用于制冷和制热。其二,仔细对比塞贝克效应和珀尔帖效应,有没有发现这恰恰是一对互逆现象呢?

学生:好像是的,一个是从热到电的转换,一个是从电到热的转换。

教师:是的。其实中学阶段我们也接触过一对发现互逆现象的科学家,大家能想到是哪两个人吗?

学生:奥斯特和法拉第。

教师:没错,奥斯特发现了电流的磁效应,后来法拉第又想到电能生磁,磁是否也能生电呢?他通过这种逆向思维并且经过多年实验证实了自己的猜想,发现了电磁感应现象。再后来汤姆逊对此又有了新想法,前两个现象完全相反,似乎毫不相干,但是都是热电现象,会不会有什么联系呢?于是他通过全面分析,发现塞贝克系数和珀尔帖系数之间存在简单的倍数关系,从而将前两个现象之间联系起来,建立了一个新的理论,使温差电效应更加完善。大家有没有发现:这三个效应先后提出的过程正好体现了循序渐进的思路,反映出相关问题在物理领域的层层深入,不断建立起一个更完善的体系,这不就是物理科学的魅力所在吗?从这些科学家身上,我们可以看到只要肯钻研、善于思考,任何人都有可能会做出一番成就,因此我们不仅要看到别人所看不到的现象,更要想到别人所想不到的问题,学习科学家们的探究精神。

回到塞贝克效应上来,从这个现象我们可以归纳出两个条件、一个结论。两个条件分别是"两种不同的导电材料"和"两端温度差不同"。一个结论是"产生了电动势"。这个"电动势"实际上包括"接触电动势"和"温差电动势",归根结底,电动势的形成是由于微观粒子——电子的运动导致的,前者是由于组成材料不同,其自由电子密度不同,而在接触处产生的一种电动势,后者是由于两端温度不一样而引起大多数电子做热运动从高温端跑向低温端,而产生的一种电动势,这两种电动势合成回路总的电动势。

这个现象是不是说明了一种热电偶两端温度差不为零,就会产生电动势?那我们又会想,不同的温度差是否产生的电动势也不同呢?并且这两者之间是不是一一对应的呢?

学生:可能电动势会随温度差的变化而不同。

教师:事实证明,确实存在一一对应的关系,于是我们根据这个发现可以选择不同的导电材料组成热电偶用于测温控温。而体现它们这种一一对应关系的系数就是塞贝克系数,也叫作温差电动势率,从这个定义式就可看出来,它描述的是热电偶单位温度差所能产生的电动势,我们思考一下,这个物理量是不是也可以反映热电偶产生电动势的能力大小?这个系数越大,是不是单位温度差所产生的电动势就越大?

学生:从公式来看确实如此,但实际所有的材料都能满足这样的规律吗?

教师:可能不一定,大家可以去查阅相关文献,或以后可以进行这方面的研究。而且既然这个系数这么多变又不满足简单的规律,如果将不同热电偶两端的温度差和电动势一一对应的关系绘成图像,是不是看起来更直观,应用起来更方便呢?这就是热电偶的定标曲线,大家可以看到我们的教材上展示了铁—康铜的定标曲线。这里提到康铜,大家知道它和铜有什么不同吗?

学生:应该不是同一种材料。

教师:实际上就是铜里面掺杂了少量镍。而今天实验用的热电偶材料就是铁—康铜,我们要知道不同热电偶的定标曲线是不相同的。热电偶材料测温范围比较广,而我们今天的定标实验只是测量其中很小的一截。另外,定标曲线并不都是一条完完全全的直线,说明电动势随温差不完全是均匀变化的,而且不同的材料,曲线走向不一样,因此塞贝克系数不是一个常数,并且它取决于材料本身的性质。今天,我提到了三种温度计,下面请大家分析这样一个问题:热电偶温度计和酒精温度计、水银温度计相比有什么特点或优点呢?提示大家:可以从它们组成材料的物理性能方面来分析,可以相互交流讨论,每个人想一条合起来就是很多条。

学生:测温范围广;可以测很高的温度;没有毒;不会摔破;使用方便……

教师:最明显的就是测温范围很广,最低可测量零下两百多摄氏度的温度(如金铁镍铬),最高可测量温度达两三千摄氏度;测量精确度高,可达10^{-3}℃以下,因为热电偶直接与被测温度的物体直接接触;机械性能好,不易被损坏;热响应比较快等。另外,大家在等待实验仪器加热运行的过程中,用手机查资料思考这样一个问题:我们测量几十摄氏度的温度时通常用酒精温度计、水银温度计,工业上测量200℃左右的温度用热电偶温度计,如果要测量更高的温度(如地核的温度是4000℃~6000℃),用什么方法来解决呢?

学生:可能与热辐射有关吧。

教师:对于这个问题大家可以稍后等待仪器加热时查阅资料,分析一下。我们都知道了酒精温度计、水银温度计的工作原理是热胀冷缩,那么热电偶温度计具体是如何工作的呢?大家可以看到这里有一个简化过的热电偶结构图,左端是工作端,与被测物体接触;右端是参考端,固定温度为T_0且可以测量。我们会注意到这里接着一个电压表,这个大家再熟悉不过了,用于测量回路中的电动势,又因为同一种热电偶的温度差和电动势具有一一对应的关系。

当然在实际使用过程中，操作不可能这么麻烦，电路通过调节之后，从表上读取出来的示数实际上直接就是温度了，这和中学时我们学过的将电压表改装成电流表的原理类似。

（三）仪器操作

今天的实验所用到的设备就是摆在同学们面前的这台EH-4热学与传感实验系统（简称EH仪），它除了可以测量热电偶电动势与温度的关系外，还可以测量热敏电阻的电阻温度特性和半导体PN结的电压温度特性。它主要由主机和铝盘组成，主机主要进行实验的各项控制，铝盘就是一个加热盘或者说是热源。我们会看到铝盘的左侧有一根黑色塑胶包裹的线，实际上它里面是铁丝和康铜丝，其一端插在铝盘里面，是探头以感知热源温度，另一端置于空气中，那么空气中这个接触点的温度基本上是固定的，同学们有没有发现这就是我们今天学的一种热电偶结构呢？铝盘右侧的一根导线连接着一个热敏电阻，另一根导线连接着一个二极管（PN结）。

热电偶的定标实验要求同学们测出相关数据，即每一组冷端温度、热端温度和对应的温差电动势，绘制出相应的定标曲线，并且根据公式计算出其温差电动势率，完成实验报告上后面的思考题。这个实验在操作时，同学们自行设置热源热温度（建议比初始热源温度高70℃左右）和平衡点数目，这里我对平衡点作一下说明：这台仪器用到了PID温控系统，设置好参数后仪器自动控制进行试验，由于我们只设定了实验的初末温度，但是我们的实验只取一组数据就会导致误差很大，所以做实验时需要多取几个不同的热源温度，仪器每取一组温度数据时，热源的温度需经过一段弛豫时间达到稳定平衡，这样取的数据才准确，因此，设置一个平衡点就会得到一个平衡温度对应的一组数据，平衡点数目设置成几，仪器就会记录编号从0到几的数据。

重点强调一下，按下“确定”键仪器进入某种功能或者菜单，但是连续按两次“确定”键就会退出实验并返回待机状态，这时会清除仪器内实验记录的数据。因此，大家每按一次“确定”键，一定要观察显示屏上该按键所对应的功能、菜单或者数字是否显示出来，如果没有就再按该按键一次，若已经显示出来了就立刻记录数据，千万不能连续多次操作“确定”键。如果有同学在完成这个实验后感兴趣的话，可以选择在周末的时间探究一下热敏电阻的电阻温度特性。

（四）设计说明

以最通俗简单的语言来解释这节课的目标，让对这节课感到茫然的学生能够明确学习目标。

与旧知识相联系,使理解力差一点的学生可以迁移学习新的知识。

将与该实验相关的其他物理现象介绍给学生,拓宽对更多知识有需求的学生的视野,培养他们的对比分析能力和联想思维能力,激发学生的学习兴趣。

对概念进行解析,引导学生学会归纳,让各个层次的学生都能深入了解实验现象。引导学生思考不同难度的问题,让低层次学生参与到课堂上来,激发高层次学生的创新性思维。

介绍仪器的构造和原理,只有提前交代清楚注意事项,提醒学生科学操作,才能让低层次学生明白每一步操作的目的,不至于束手无措,也能让高层次学生避免粗心导致的失误。

整体而言,从“是什么”(物理现象和相关概念的引出和分析),到“有什么用途”和“怎么用”的思路,体现出一个层层递进的过程,既照顾了低层次学生,又满足了高水平层次学生的需求。

第五章 大学物理教学创新中的翻转课堂实践

第一节 翻转课堂的相关概念和理论概述

“翻转课堂”是相对于传统的课堂知识传授、课后作业完成(知识内化)的教学结构而言的,它是指学生课前观看教师事先录制的教学视频以及相关拓展资料,而课堂时间则用来解答具体问题、订正作业等,帮助学生进一步掌握和运用知识。它将知识的传授放在课前完成,而将知识的内化放在课堂教学中进行。

一、翻转课堂的起源

2011年11月28日,加拿大《环球日报》刊登了一篇名为《课堂技术发展简史》的文章,该文章研究了公元前2400年到公元2010年课堂教学技术的重大变革,并将“翻转课堂”作为2011年的课堂教学技术的重大变革。然而,翻转课堂教学模式的成形却在2000年前后,只是碍于当时信息技术发展的限制,学生可以使用的视频等资源相对较少。2000年,拉赫(Lage)与普拉特(Platt)将“翻转课堂”作为一个科学概念正式提出。

缺少资源的情况一直持续到2004年,一次偶然的机会,一位孟加拉裔的美国人拉萨尔曼·可汗解决了这一问题。当年8月,可汗为了帮助他的表妹纳迪亚学习数学知识,他利用雅虎通的涂鸦功能来图解数学概念,并编写了一些习题上传到网上让他的表妹练习,以此检验她的学习结果。在他的帮助下纳迪亚的数学进步迅速,于是请求他帮助的人也越来越多。为了照顾到每一个孩子,可汗将许多概念做成“模块”,并建立数据库来跟踪孩子们的学习。但是雅虎通并不支持多人同时观看,于是他制作了相关教学视频,并将视频上传到YouTube网站上,每段视频约10分钟。2006年11月,可汗制作了第一份教学视频“最小公倍数的基本概念”,并于次年创办了“可汗学院”网站。随着时间的推移,可汗学院的合作者和注册使用者也越来越多。截至2012年,美国有近2000所学校在使用可汗学院的课程,视频点击量超过1.6亿次。因此,萨尔曼·可汗也被美国《时代》周刊评为2012年度100位最有影响力人物。

在此期间对于翻转课堂的发展作出重要贡献的学者、教学试验还有很多。例如,2007年美国林地公园高中,亚伦·萨姆(Aaron Sams)和乔纳森·伯格曼(Jonassen Bergmann)两位教师的教学实践在美国基础教育界也引起了很大的反响。对于翻转课堂教学模式的推广,TED、耶鲁公开课、MIT开放课程以及中国的网易公开课等均作出了巨大的贡献。

二、翻转课堂教学概述

(一)翻转课堂教学定义

翻转课堂是根据英语"Flipped Class Model"翻译过来的术语,一般也译为"反转课堂""颠倒课堂"。对于翻转课堂概念的界定,学术界还没有统一的规定。例如,原英特尔全球教育总监布莱恩·冈萨雷斯(Brian Gonzalez)认为:"翻转课堂是指教育者赋予学生更多的自由,把知识传授的过程放在教室外,让大家选择最适合自己的方式接受新知识;而把知识的内化过程放在教室内,以便学生之间、学生和教师之间有更多的沟通和交流。"而萨尔曼·可汗是这样描述翻转课堂的,"教师分配视频讲座给学生,学生按照自己的节奏暂停、复读,用自己的时间做这些事情,按照自己的节奏进行学习,之后回到教室,在有教师指导的情况下,自己进行他们的学习,同龄人之间可以进行配合,教师运用科技力量将课堂进行人性化。"也有一部分国外的学者是从实施方面进行定义的,如"翻转课堂是指通过运用现代技术,教师将常规课堂里教师讲授部分制作成教学视频,作为学生的家庭作业布置给学生,学生在家中观看并学习视频中的讲授内容。而课堂教学则贯穿师生互动,开展合作学习,解决学生观看教学视频后产生的问题,并进行进一步的知识应用和拓展,发展学生的高级思维能力"等。

以上是国外一些学者对翻转课堂的定义,翻转课堂传入我国之后,我国教育学者也尝试对翻转课堂进行了解释。例如,有的老师认为翻转课堂是"把老师白天在教室上课,学生晚上回家做作业的教学结构颠倒过来,构建学生晚上回家学习新知识,白天在教室完成知识吸收与掌握的知识内化过程的教学结构,形成让学生在课堂上完成知识与掌握内化过程、在课堂外完成知识学习的新型课堂教学结构"。刘荣老师认为,翻转课堂是"由教师制作学习视频,学生先在课外或家中观看视频中教师的讲解,再在课堂上针对课前学习进行面对面交流并完成作业的一种教学形态"。南京大学的张金磊、王颖、张宝辉认为,翻转课堂是"在课前通过信息技术的辅助进行知识传授,在课中通过教师引导和同学协作完成知识内化"。

因此,翻转课堂是相对于当前的课堂上教师讲解、学生听讲,课后学生完成作业的教学形式而言的;它是指利用信息技术的便利,教师将对知识点的讲解录制成短小精悍的教学微视频,配以其他学习资料,通过学习管理平台发送给学生,学生在教师的指导和引导下进行自学,完成课前练习;基于学习平台上的信息,教师在详细把握学情的情况下,课堂内有针对性地重点讲解,和学生一起解决疑难,完成作业的一种新型的教学模式。①

(二)翻转课堂的特征

根据以上国内外学者对翻转课堂的解释,我们不难发现翻转课堂主要具备以下主要的特点。

1.学生积极主动的学习状态

在翻转课堂教学模式下,学生有着较为充足的时间学习课前微视频及其他学习资料,掌握相关的知识内容,对课堂上的学习做好了认知准备。认知准备做好了,对即将到来的课堂教学就比较容易有积极的情绪和情感。反之,如果没有做好认知准备,就很难有积极的情感和态度。

2.个体指导为主的教学风格

相对于传统的课堂,在翻转课堂上,教师的教学行为发生了明显的变化,其中的一个突出表现就是,教师面向全班的讲解大大减少了,而面对学生小组或者个体的单独指导增多了。教师不再是以往的“讲师”、讲台上的“圣人”,而是转变成了学生的“教练”、学生身边的“辅导者”。

3.师生、生生之间的有效互动

由于教师和学生对课堂教学做了充分的准备,学生在课堂上表现更为积极活跃,或展示自己所学或解答他人问题或提出新的问题。师生之间的交流更为深入,更为广泛。学生的体验更为丰富和深刻。翻转课堂将原先教师课堂上讲授的内容转移到课下,在不减少基本知识展示量的同时增强了课堂中学生的交互性。该转变将大大提高学生对知识的理解程度。

4.课堂教学多维目标达成

基于课前的学习,学生清楚地知道自己的问题和困惑,甚至有的学生通过课前的自学已经达到了课堂教学的目标。而在学习过程中遇到的问题,可以先和同学讨论,如果同学之间解决不了,教师可以进行单独辅导。而对于那些自学就可以达到教学目标的学生,在课堂上他们就可以有更多的机会发展高级思维,从事更具有探究性的项目学习等。

①张立宏,雷慧茹.应用型高校以学为中心大学物理课堂教学探索[J].大学物理,2023,42(01):25-29.

5.颠倒传统的教学过程

翻转课堂最大的特征是颠倒了传统的教学过程。传统的教学过程是先由教师在课中讲授知识,然后学生课下以完成作业的形式进行知识巩固。传统教学过程中,知识传授的过程发生在课上,知识内化过程发生在课下。而翻转课堂正好相反:课前,教师根据教学目标提供以教学视频为主的学习资源供学生在家或者在校观看,完成知识的学习,即知识讲授过程放在了课前;在课堂上,学生就课前知识建构过程中产生的疑惑向教师或同学请教,教师给予学生有针对性的适时指导。另外,学生也可以以小组讨论、协作学习等方式对知识进行深化提升,学以致用,即在课上完成知识的内化过程;课后,学生则借助教师提供的学习资源进行反思和总结。总而言之,翻转课堂颠倒了传统的教学过程,重新定义了教学各个过程的作用。

6.创新的知识传授方式

翻转课堂教学资源最为重要的组成部分是短小精悍的教学视频。在翻转课堂教学模式中,教师课前提供以教学视频为主的学习资源供学生自学,完成知识的讲授过程。教学视频通常是针对某个特定的知识点或某个特定的主题,长度维持在十几分钟。学生在观看的过程中可以暂停、回放,便于学生做笔记和思考,有利于学生进行自学。学生课前观看教学视频没有时间的限制,氛围更加轻松,不必像在课堂上那样神经紧绷,担心遗漏教师讲授的知识点。用视频呈现知识点的另一个优点在于学习一段时间之后可以重新观看教学视频进行复习巩固。

根据以上分析我们可以看出,翻转课堂作为一种新型的教学模式,实现了对传统教学模式的革新。更加符合新时代的要求,学生学习更具有自主性,师生、生生之间的有效互动更为广泛。

(三)翻转课堂的基本要素

翻转课堂的实施需要关注四个基本要素,分别是学习资源、教学活动、学习评价和支持环境。

1.翻转课堂的学习资源

翻转课堂的有效实施需要丰富的学习资源支持,这些学习资源可以是学习任务单、微视频、电子课件、学习网站等。其中微视频是翻转课堂最常用的学习资源,主要是由各种教学视频短片构成,内容以知识点为单位,聚焦新知识讲解,形式上强调碎片化,便于网络传播与学习。

翻转课堂的学习资源主要用于支持学生课前的自学。为了取得更好的自学效果,除了为学生提供微课资源外,还常常提供课前学习单和电子课件配套使用。学生课前自主观看教学资源,完成学习任务单,完成知识的学习。学生只有课前完成了知识的学习并获得了内容,才能在课堂中更好地参与教师安排的教学活动,达到知识内化的目的,真正提高学生学习效果。

2.翻转课堂的教学活动

教学活动是翻转课堂教学的核心组成部分,翻转课堂的有效实施需要建立在设计良好的教学活动的基础之上。课堂教学活动涵盖了解学生的疑问、重点难点、练习巩固、课堂讨论、探究活动等多个方面,教师需要根据学科特点和学生实际情况设计合理的教学活动。精心设计的教学活动是有意义的深度学习的必备条件。

课堂活动对教师的教学能力和综合素质有较高要求。设计教学活动之前,教师要清楚地了解学生对课前知识的掌握情况,在此基础上,教师针对学生自学遇到的难点进行讲解,进一步巩固学生所学知识,并有针对性地对学生进行指导。

3.翻转课堂的学习评价

翻转课堂的学习评价除了应用传统的课堂评价手段外,还可以根据学生在网上观看视频的点击量进行分析和解释。从而来评估学生学业进展,预测学生的未来表现,并发现潜在的问题。此次实施是将视频上传到学习群中,学生只需要下载一次就可以在课下长时间观看,因此学生观看视频次数仅以学生口头说明为准。教师利用翻转课堂网络环境收集大量学生学习过程产生的数据,并利用学习分析技术对数据进行分析和解释,可以有效诊断学生的学习过程,评价学生的学习进展,可以通过分析,进而评价学生的协作能力和问题解决能力等。

4.翻转课堂的支撑环境

翻转课堂的实施需要网络教学环境的支撑,翻转课堂的支撑环境主要是由网络教学平台和学生学习终端组成。其中,网络教学平台要能够实现课前和课中互动、师生互动等功能,这是实现翻转课堂教学的基础环境;学习终端(电脑、手机)能够支持学生的微视频学习、网络交流、互动练习。翻转课堂的网络支持环境为师生提供了一个虚拟的学习空间,为师生开展与衔接各种课前、课中、课后的活动提供基础。

三、翻转课堂的理论基础

翻转课堂教学的理论基础有许多,比较有影响力的是布卢姆的建构主义学习理论、掌握学习理论、混合学习理论、先学后教理论。下面分别对这些理论基础进行简单阐述。

(一)建构主义学习理论

建构主义丰富的理论内容可以用一句话概括:以学生为中心,强调学生对知识的主动探索、主动发现和对所学知识意义的主动建构,而不是像传统教学那样,只是把知识从教师头脑中传送到笔记本中,甚至教师把知识从教科书上传送到学生的笔记本上。从以上观点出发,建构主义的学习理论可以概括为以下观点。

一是学生观。建构主义者强调,学生在走进教室之前,头脑中就有一定的知识,他们在日常生活、学习中已经形成了丰富的经验。所以教师不能忽视学生的这些经验,而是要把学生现有的知识经验作为新知识的生长点,引导学生从原有的知识经验中“生长”出新的知识经验。教学要为学生创设理想的学习情景,增进学生之间的合作,激发学生的推理、分析等高级思维活动,促进学生自身积极地进行意义建构。

二是教学观。建构主义认为,学习不是知识由教师向学生传递,而是学生构建自己知识的过程。学生不是被动的信息接收者,而是意义的主动建构者,这种构建不可能由其他人代替。

学习者的知识构建过程具有三个重要特征。

1.学习的主动构建性

面对新信息、新概念和新命题,每个学生都在以自己原有的知识经验为基础构建自己的理解。学习是个体构建自己的知识的过程,这意味着学习是主动的,要对外部信息做主动的选择和加工。

2.学习的社会互动性

学习是通过对某种社会文化的参与而从中内化相关的知识和技能、掌握有关的工具的过程,这一过程常常需要通过一个学习共同体的合作互动来完成。学习任务是通过各成员在学习过程中沟通交流、共同分享学习资源完成的。

3.学习的情境性

构建者认为,知识并不是脱离活动情境抽象的存在,知识只有通过实际情境中的应用活动才能真正被人理解,因而,学习应该与情境化的社会活动结合起来。

翻转课堂教学模式充分体现了建构主义思想理念。翻转课堂教学活动就是在一定的情境下师生之间、生生之间进行协作、对话和意义建构的过程。在翻转课堂的实施过程中,教师通过制作有趣的教学视频,激发学生的学习兴趣,保持学生的学习动机,通过创设符合学生年龄特征和认知规律的教学情境,在最近发展区原理下,学生运用原有的知识基础在教师和其他伙伴的帮助下完成意义建构。在课堂环节,教师不再是传统教学过程中的知识传授者,而是通过个别化的辅导来帮助学生,组织学生进行协作学习、讨论交流,鼓励学生质疑问难,引导学习向着有利于学生意义建构的方向迈进,真正实现了教学相长。从以上观点来看,翻转课堂的教学是非常符合建构主义学习观的。

(二)掌握学习理论

掌握学习理论就是指在所有学生都能够学好的思想指导下,为所有学生提供的个别化帮助以及所需的额外学习时间,从而使大多数学生达到规定的掌握目标。布鲁姆指出,如果教师按照规律有条理地进行教学,在学生学习遇到困难的时候能够及时给予帮助,并给学生提供足够的时间以便掌握知识,对掌握的标准进行明确的规定,那么所有学生事实上都能够学得很好,大多数学生在学习能力、学习速度和学习动机方面都会变得十分相似。

布卢姆的掌握学习理论对于实现大面积提高教学质量、减少后进生等教育难题有着积极意义。但是事实上,掌握学习很难真正实施,主要原因是在传统的班级授课制条件下,掌握学习教师难以操作。其一,给学生足够的时间不切实际,由于教学进度和教学要求,教师不可能根据每个学生的需求提供足够的时间。其二,教师如何为学生提供个别化指导。传统的教学主要是课上进行知识的传授,课下学生完成作业,教师不可能在一堂课讲许多种课以适应不同层次学生的需要。其三,为了让学生达到熟练的程度,在操作方法上更多采用重复训练的方法,导致实验班的学生所需的时间比控制班学生多得多。采用翻转课堂的形式可以克服掌握学习理论操作上的问题。按照掌握学习理论,不同层次的学生掌握同样的教学内容所需要花费的时间是不一样的。在翻转课堂中,新课学习是放在课前的,学习能力强的学生可以在较短的时间内通过观看视频就达到课程目标要求的掌握水平,而学习能力差的学生可以在课下多用一些时间观看几遍视频以达到同样的掌握程度。而课上,教师也可以从传统的"灌输者"这个角色解脱出来,可以有时间给学生提供个性化的辅导。从这个角度来说,掌握学习理论是翻转课堂教学的理论依据,同时翻转课堂的实践又能够克服掌握学习理论的一些缺点。

(三)混合学习理论

混合学习的提出源于网络学习(E-learning,也可以称为在线学习或者远程学习)的兴起,以及关于"有围墙的大学是否将被没有围墙的大学所取代"的辩论的深入研究和探讨。它是在网络学习的发展进入低潮后,人们对纯技术环境进行反思而提出的一种学习理念。混合学习的思想是在教育过程中,根据不同的问题采用不同的媒体与信息传递方式,以达到降低成本、提高效益的一种学习方式。它是多种学习方式结合的综合体,将多种教学模式的优点结合在一起综合运用的一种教学模式。

混合式学习主要具有以下特点。

1.综合性

“混合学习”理论的综合性主要体现在两个方面:一是“混合学习”的理论基础深厚。混合学习的理论是多元化的,是多种理论的混合,主要包括行为主义学习理论、认知主义学习理论、建构主义学习理论、人本主义思想、教学系统设计理论、活动理论以及创造教育理论等。二是“混合”是与“教”与“学”相关的多个方面的组合或融合,是不同的教学方式、教学环境、教学媒体、教学要素等诸多方面的有机结合。

2.应用性

“混合学习”实践起点则源于企业培训,最先在企业中得以应用。采用混合学习的方式,企业在一定程度上确实减少了成本投入,增加了商业收益。

对于学校教育而言,很多国家也将混合学习理论应用到实践中。在高等教育中,不同学者和教师将混合学习理论应用到教改中,对其进行了深入的研究和探讨。早在2009年,美国教育部就通过对1996年到2008年在高等教育中开展的实证研究数据进行了分析,指出与单纯的课堂面授教学、单纯的远程在线学习相比,混合学习是最有效的学习方式。

3.发展性

“混合学习”理论的发展性也主要体现在两个方面:一是“混合学习”理论的内涵将会得到不断的充实和完善,混合学习的模式和方法将会越来越多样化,混合学习涉及的内容(主要是课程)将会越来越广,其趋势将遍及所有课;二是“混合学习”理论的应用将会不断深入,会有越来越多的人、学校、企业、机构、国家等参与到其中。混合学习的不断发展在一定程度上会大力促进教育的国际化和全球化。

通过上述分析我们发现,翻转课堂属于一种新型的混合学习模式。面对面的传统授课方式和基于信息技术的在线学习各有优势和不足,翻转课堂正是对两者进行整合,将两者的优点有机地结合在一起而产生的一种新型的学习模式。课前的视频学习给学生足够的时间,学生可以考虑自身的学习习惯和学习能力,进行自主安排学习时间和地点,甚至可以自主选择学习资源和一些辅助材料,这充分体现了学习的个性化。而教师可以根据学生课前学习的情况,制订相应的教学计划,在面对面课堂教学中运用合理的教学方法,有针对性地因材施教。正是因为翻转课堂结合了传统授课和在线学习两种方式的优势,所以翻转课堂可以满足学生的不同学习风格,真正达到降低教育成本、提高教学效益的目的。从以上角度我们可以说，“混合学习”是翻转课堂的理论依据，翻转课堂这种教学模式是一种新型的混合式学习方式。

(四)先学后教理论

“先学后教”的基本内涵在于通过改变传统教学中的师生关系，使学生成为教学的主体，教师转变为指导者和辅助者。教学顺序改变为学生“先学”而教师“后教”，从而保证教学在学生自学的基础上更具有针对性。首先，“先学后教”中的“先学”是引导学生先去实践，从而形成初步认识；“后教”则让学生在已有实践与认识的基础上，进一步提升实践的广度和加深认识的深度，这种“实践—认识—再实践—再认识”是符合认识论基本规律的。其次，从心理学角度来分析，“先学”彰显了学习主体的角色，尊重学生个体心理的差异性与独特性，充分释放了学生的学习潜能，这些显然都是人本主义心理学积极倡导的。最后，从教育教学理论来看，“先学后教”则内蕴“主体性教学”“分层教学”“差异教学”“因材施教”“教是为了不教”等思想理念。

通过前面的分析我们发现，翻转课堂这种教学模式也是根据先学后教理论建立起来的。它要求学生课前先进行自学，课堂上教师再根据学生自学情况给出个性化的指导。教师一般还将一些易懂的知识以教学视频、课件等形式要求学生课前学习完成，课堂有针对性地讲解学生学习过程中存在的问题，鼓励学生参与课堂互动，这些都符合先学后教的理念。

第二节　大学物理翻转课堂的教学设计

一、教学策略分析

(一)掌握学习教学策略

掌握学习教学策略是由美国教育学家布鲁姆等人提出的，是将学习过程与学生的个别需要结合起来，从而让大多数学生掌握所学内容并达到预期教学目标的教学策略。

首先，掌握学习保持了班级群体教学形式，在群体教学的基础上进行个别化的矫正性的帮助。在翻转课堂上，授课教师会将课前学生普遍存在的问题进行统一讲解，然后再对个别学生的问题给出个别指导。从而使绝大部分学生的问题得到解决。

其次，掌握学习教学策略以目标达成为准则。只有95%以上的学生达到了单元教学目标，才能进入下一个单元。虽然在翻转课堂的实施过程中没有硬性的要求必须95%的学生达到教学目标，但是在实施过程中，课前教师会给学生足够的时间进行自学，提供充足的自学材料，从而保证学习困难的学生和能力较强的学生都能够在课前较好地习得知识。然后通过课堂上教师的讲解以及个别化指导，就能够保证绝大多数的学生达到教学目标。

最后，掌握学习教学模式，将教学与评价紧密地联系起来，充分运用各种形式的评价，特别是形成性评价（在学习形成期间的评价）。大学物理翻转课堂的评价内容应该关注学生物理学习的每一个环节：是否认真观看视频、是否完成课前学习单、是否主动提出问题、是否能完成检测题、是否积极参与小组合作等情况都应该成为评价的项目。

（二）支架式教学策略

支架式教学策略来源于苏联著名心理学家维果茨基的"最近发展区"理论，指教师或其他助学者通过和学习者共同完成某项学习任务，为学习者提供某种外部支持，直到最后完全由学生独立完成任务为止。支架式教学策略主要由以下几个步骤组成：搭脚手架、进入情境、独立探索、协作学习、效果评价。

在翻转课堂中教师首先根据学生的知识基础以及教学目标制定课前学习单，这个过程相当于支架式教学策略中的搭建脚手架环节。然后授课教师录制学生课前使用的微视频，为学生营造一种问题情境，使学生进入学习的状态，是支架式教学策略中的进入情境环节。紧接着进入独立探索阶段，学生观看完视频后，要完成教师课前学习单上的问题。在自学过程中，学生如果产生了疑问，可以在学习群中和同学一起讨论，进而将问题解决。最后通过自主检测题对学生的学习效果进行检测。

（三）协作式教学策略

协作式教学策略是一种适合教师发挥主导作用的教学策略，适合学生自主发现、自主探究。在这个过程中，多个学习者完成了学习任务，每个学习者都发挥自己的认知特点，互相争论、互相帮助、彼此提示或分工。学习者在与同学交流的过程中逐渐形成对新知识的理解和领悟。

首先，在翻转课堂的教学过程中，授课教师可以根据学生的学习成绩和性格特点，将学生进行分组，这样同学之间可以取长补短，也有利于学生发散思维。其次，在协作式学习过程中，学习的主题要具有挑战性，问题具有可争论性。在翻转课堂实施过程中，学生讨论的问题主要是学生在课下自学过程中遇到的不能自主解决的问题,是一些典型的问题,有些也可能是教师指定的稍超前于学生智力发展水平的问题。最后,要重视教师的主导作用,协作学习的设计和学习过程都需要教师的组织和指导,同样,在大学物理翻转课堂中,也不要忽视教师的主导作用。在课上以及课下,教师都要及时关注每位学生的表现,对学生表现出的积极因素要及时反馈和鼓励。当然,在学生讨论问题的过程中,如果出现离题或纠缠于枝节问题时,要及时加以正确引导,将其引回主题。①

二、教学过程设计

(一)课前准备

若想真正发挥翻转课堂的优势,就一定要让学生在课前预习。课前准备工作分三步走。

1.教师的任务一

在每堂课之前,授课教师把本次课所需要学习的内容以公告的形式发到群里,并必须明确提出教学要求。公告内容包括课件、教材页码、自测题、思考题、微视频。

2.学生的任务

要求学生学习该部分内容,并且提问或出题。提问是针对该内容不明白的、不理解地提出问题。出题相对要求就比较高了,首先要把这部分内容搞懂,只有理解透彻,才能出题,才能出好题。每个学生把提问内容按照规定的格式以PPT的形式发到群文件。要求每个学生每星期至少提一个问题或者出一道题。不能与其他学生雷同,以时间先后为依据。

翻转课堂不仅应该体现在课堂教学活动中,而且应该延伸至课前和课后,强调学生之间的合作探究。对学有余力的学生,除了提问或者出题之外,还鼓励他们回答其他学生的问题,积极参与讨论。这是一个切实可行的办法,不仅能解决课时不足的问题,而且能够更好地发挥同伴教学法的优势。

3.教师的任务二

在课前把所有学生提出的问题和习题进行分类,归纳总结,组织课堂的教学活动,准备课件。

(二)课堂教学

课堂教学是教学活动中最重要的部分。抓住课堂有限的时间,利用学生提出

①梁春恬,刘艳玲,仝乐,等."互联网+"环境下大学物理翻转课堂的探索与实践[J].广西物理,2022,43(03):74-80.

的问题，有针对性地进行教学，从而提高教学质量。

首先，请一个学生复习上一次课所学内容，主要是重点概念和定义，再请另一名同学简要讲解这次课将要学习的内容。每次按照学号顺序有2个学生需要在课堂上作汇报，每位学生汇报时间控制在6～8分钟。如果学生超时，授课教师会根据现实情况进行处理，打断学生，教师进行总结或者延长时间。在学生介绍完后，教师及时点评，并且就本次课内容概括总结，强调重点难点，帮助学生理清知识体系。

其次，在讲清楚知识点的基础上，让学生做自测试题。有些自测试题看上去似乎很简单，却能有效地检测学生的错误概念，引发学生之间的讨论。通过自测题能够检验学生的自学情况，教师可以根据学生的自学情况及时将课堂内容进行调整。

再次，把学生提出来的有价值的问题，请大家一起讨论。这些问题中有一些是部分学生已经能够回答的问题。对这些问题，可以请学生作答，教师补充、概括、总结即可。也有的是大部分学生没有思考过的问题，对这些问题，可以发动大家一起讨论，寻求答案。在教学过程中，如果有些问题，学生未有发现的、没能提出来的，而实际上必须注意的，或者理解可能有困难的问题，教师应该提出来供大家讨论。

最后，剩余时间留给学生做学习辅导，从而巩固本次课堂所学知识。考虑到课堂时间有限，这部分题目教师要通过筛选，挑一些有针对性的、质量比较高的题目。

三、教学评价设计

教学评价是教学工作的重要环节，对教师改进教学、促进学生发展有重要意义。以前的教学评价采取传统的“三七”方式来计算学生的学期成绩，将平时的作业和测试作为平时成绩记入成绩册，最后按“物理学期总分=平时成绩30%＋期末测试70%”计算总分。这种评价方式过分关注对学习结果的评价，忽视对学习过程的评价；过分关注对学生知识掌握程度的评价，忽视对学生的学习态度、学习能力等的评价。翻转课堂作为一种新型的教学模式，如果仍以这种传统的评价标准来衡量学生的学习，显然是不合适的。因此，有必要对大学物理翻转课堂的教学评价模式进行设计，使评价更好地为教师改进教学和促进学生发展服务。

大学物理翻转课堂的评价内容应该关注学生物理学习的每一个环节：是否认真观看视频、是否完成课前学习单、是否主动提出问题、是否能够完成检测题、是否积极参与小组合作等情况都应该成为评价的项目；评价维度应该是全面的，学生的学习态度、学习兴趣、知识掌握、能力发展都应该在教学评价中体现。

对翻转课堂的课前和课中每个环节进行评价，包括课前视频学习情况、学习辅导的完成情况、课中参与情况、小组合作情况、质疑情况。按"物理学期总分=平时成绩50%＋期末测试50%"计算学生的物理学科学期总分。这种评价方式更加注重过程，学生如果平时不积极参与教学活动，可能期末考试满分也不能及格。这就杜绝了学生考前突击也能及格的现象的出现，进一步强调了学习过程的重要性。

以上评价方式为学期末的评分标准，而平时课上授课教师采用低风险的课前小测验，这种低风险的评价方式是指不对学生的评价结果进行分数、等级的标记和评比，而仅仅作为发现学生学习问题的一种教学评测方式。采用的这种小测验题目量并不多(一般只有3～4个问题)，其中不只是检测学生在课前学习的事实性知识，更重要的是为学生提供一个可以应用知识的平台。在这个过程中，教师不仅能及时地把测验中出现的问题反馈给学生，学生也可以向教师提问解题过程中自身遇到的问题，并通过与教师的有效交流使问题得以解决。所以，在上课前进行低风险的学习评价是一种非常有效的教学策略。

第三节　大学物理翻转课堂的实施

一、课前知识传递阶段

(一)课前视频的制作

1.课前视频制作原则

制作翻转课堂教学视频，需要注意一些通用的原则，这些通用原则是直接影响学生是否喜爱教学视频、学生能否从教学视频中学到哪些知识的关键性问题。只有掌握了这些原则和要点，才能制作出让自己满意、学生受益的教学视频，下面就这些原则和要点做一个简单的介绍。

(1)有动有静，节奏恰当

在教学视频中我们应该怎样做才能吸引学生的注意力。首先，我们可以采用一些学生不是特别熟悉的形式，如动画、绿幕扣屏；其次，教学视频要避免单一，一些由游戏或问题改编而来的教学视频往往都能起到非常好的效果，经研究发现，一些个性化的教学视频往往也比演播室里高保真视频效果更好；最后，要使教学视频保持动态，不要让画面和声音停顿太久。学生们往往喜欢画面由空到满的过程，因此边画边写要比PPT录屏更有吸引力，如果由于条件限制，必须采用PPT录屏的话，一定要让知识点一个一个出来，而不是一下子铺满整个屏幕。教师也可以在

PPT中多做一些特效，让PPT看起来更生动。另外，需要注意，学生在使用教学视频时可以随意地播放和暂停，所以教师的语速可以稍快一些。

翻转课堂的使用往往是学生在课余时间的自主性学习，所以教师录制视频的时候，一定要尽可能地考虑好学生的学习节奏、学习时间和学习能力；明确地给出学习的目标和顺序，让学生知道该怎么做，做哪些东西，并且知道自己通过这么做能够得到什么样的效果；另外，可将教学视频设置必选、可选、推荐，来满足不同学生的不同需求，为不同的学生提供帮助。

(2)思路清晰，讲解动听

教师在一节课程中可能要准备很多教学视频，为了使学生更准确地构建知识框架，在第一段教学视频中进行知识体系的讲解和知识点的梳理，让学生从一开始就可以建立对知识的宏观把握，在每一段视频过后可以针对教学中的重点、难点知识进行梳理和总结。教师的讲解要尽可能地与真实场景相联系，深入浅出，掌握好教学视频的难易程度，以便于学生更好地理解知识点。教师可以将不容易理解的知识或者要求学生动手操作的题目留在课堂上讲解；讲解方式可以多样化，如用讲故事的方式讲知识，这样的方式不仅更容易吸引学生，而且使其易于接受和理解。

(3)短小聚焦，目标明确

让教学视频的时间尽可能地短一些，这听起来是个简单的问题，但做起来就不是那么容易了，因为有些教师在讲授过程中容易变得滔滔不绝，研究证明如果教学视频的时间超过了一定的长度，学生的参与度就会下降。一般来说，10分钟左右的教学视频最为合适，但这并不是绝对的，针对不同的教学形式也可以对时长进行不同程度的调整。针对高年级的学生，视频可以适当地长一点；但若单纯地采用PPT录屏就要让视频短一些，减少冗余信息和干扰。在视频内容上，要讲解与课程紧密相关的知识；在形式上，凡是在教学视频中出现的课件，一定要注意它的字体、字号、行间距、颜色等，要突出重点信息，要让学生明确课程的目标。注意课件一定不要过于花哨，以免将学生的注意力转移，这样做同样也可以减少视频的时间。①

(4)设置问题，引发思考

在翻转课堂的教学视频中，教师尽量不要把每个问题都讲得太满，可以在视频中设置问题或埋下可以提出问题的点，这样可以引发学生的思考，学生如果对问题有疑问，可以在平台上交流。在教学视频之后，一定要向学生提出促进思考或复习的问题，而不是让学生觉得看完视频后就结束了。

①闫润瑛，赵正印，董新平，等.翻转课堂模式在大学物理实验教学中的研究[J].许昌学院学报，2022，41(02)：151-153.

众所周知，一对一的指导要比一对多的授课效果好，所以在录制教学视频时，应该始终让学生感觉到教师就在看着自己，有一些眼神的交流，教师也要清楚学生在学习视频中所遇到的问题，并且给出合理的反馈。在提出问题时，也要有适当的停顿时间来让学生思考，让学生觉得教师在一对一地辅导自己。

(5)保证技术，提高质量

保证技术上的规范，要注意画面的稳定和流畅，尽量不要使用清晰度过低的视频。还有一个很重要的问题是画面声音的问题，经研究发现，一个合适的音量、一个安静的环境是保障学生有效学习的关键因素，因此教师在录制视频时要找一个相对安静的地方，以保证视频录制的效果。

2.课前视频制作步骤

翻转课堂的教学视频在制作和使用的流程上同样具有一定的规范。课前视频制作大概分为五步，分别是分析、整理、制作、发布、反馈。

(1)分析

在这个阶段主要分析的内容包括学习者的能力、所处的环境，以及学习者时间等情况，先要分析学习者，之后还要分析施教的教师，最后综合这两方面的因素，得出什么样的视频适合学生，学生是否愿意看。

(2)整理

在这个步骤中主要包括两个阶段，首先是素材的准备阶段，在这个阶段中要把视频所有用到的比如图片、PPT、音频以及视频都准备好，一定要切实地拿在手中，而不是只在头脑中想一想。另外，当素材都准备好之后，每位教师都要建立一份用来拍摄的脚本，在这个脚本中标注好每一段的教学内容。同时每一段的教学内容它展现的教学形式又是什么样的，它要用到什么配套的教学资源，要用多长时间都应该标注好，这样教师在后期制作的时候会十分方便。总之，当教师制作完这个脚本之后，教学视频是个什么样子整体上已经确定了，剩下的都已经是技术上的实现问题。

(3)制作

在制作方面要主动去和制作原则靠拢，这样才能制作出比较优质的教学视频。同时要记住教学视频最根本的不是技术，而是授课教师本身。教师要用自己的热情以及对教学的精心设计去感染学生、去带动学生、去引领学生的学习，这才是最主要的，而绝不是技术。

(4)发布

考虑到教学视频的发放形式，也就是我们怎么把教学视频给学生，有些教师可以运用学习网或者教学平台这样的工具,或者可以选择一些网盘或者网络储存,把资料传到网盘里供学生下载。除了要考虑到教学视频发放形式的问题,还要考虑到发放时间的问题,一般教师可以把视频提前两三天发给学生,这样一是保证学生有时间看完,二是保证授课教师有时间回收结果,同时学生也不至于把前一段学的知识给忘记掉。除了教学视频发布的形式和时间的问题之外,教学视频最好不要单独发放,最好要配合课前的学习任务单,只要有了课前的学习任务单,再配合教学视频,学生就可以一条一条、一个一个看视频,做到有章可循、有法可依。

(5)反馈

首先,根据学生观看视频的反馈,哪些视频看懂了,哪些视频没有看懂,哪些东西想深入了解,教师要把这些东西拿过来,来调节自己的课上活动设计。其次,教师要对表现比较好的学生进行奖励,建立激励制度。最后,要根据学生的建议,更改之后的教学视频的风格或者技术,使视频风格或者录制手段更加完善。

(二)课前学习单的设计

为了更好地配合学生视频学习,教师设计的以表单形式呈现的指导学生自学的方案,称为课前学习单。

1.课前学习单的内容设计

课前学习单主要是交代了本节课的学习内容及重难点,并针对教学内容和重难点教师提出学习建议,最后是学生要思考的问题、课前要完成的作业等。根据课前学习单的内容设计如下模板。

2.课前学习单设计原则

根据课前学习单的内容及学生的特点,在课前学习单制作的过程中主要遵循以下原则。

(1)简洁性原则

制作课前学习单的目的主要是给学生以指导,避免产生无序、随意学习等问题,让学生少走弯路,实现有目的、有方法地学习。因此在设计过程中要让内容简洁明了,使学生对所学内容一目了然。让学生在最短的时间内了解本节课的重难点、学习方法等。总之,课前学习单要尽可能地简洁,让学生在最短的时间内了解本节课的要求。

(2)导向性原则

在课前学习单的最后,教师将提出需要学生解答的问题,将知识点及重难点等转化为一个个有内在逻辑关系的问题,使学生带着问题进行自主探究,这样原本无处着手的自学就变得既有迹可循又容易操作起来。随着一个个问题的解决,学生既能感受到学习成功的快乐，又能极大地增强学生学习的自信心。

(3)系统性原则

每个课堂学习单元之间存在彼此衔接的关系，每个学习单元涵盖至少一节微课，每节课的课前学习单的模块相同，因此每节课课前学习单本身具有系统性。同时每节课课前学习单之间的内容也要注意衔接，教师在设计课前学习单时不要忘了知识本身的系统性。

二、课中知识内化吸收拓展阶段

学生通过微视频和课前学习单进行自学后，对一节课的知识点已经基本掌握。如果教师还像传统课堂上一样把内容再讲一遍，那么课堂教学就是画蛇添足、毫无意义了。真正意义上的翻转课堂是在教师充分信任学生的自学效果上，在课堂上将知识进行扩展和延伸，通过多种形式的学习活动来引导学生进一步内化知识和拓展能力，全面提高其学科素养。总之，翻转课堂能不能真正翻转成功，课堂实施部分非常重要。

首先，请一个学生复习上一次课所学内容，主要是重点概念和定义，再请另一位同学简要讲解这次课将要学习的内容。每次有两个学生需要在课堂上做汇报。学生介绍完了之后，教师及时点评，并且就本次课内容概括总结，强调重点难点，帮助学生理清知识体系。

其次，在讲清楚知识点的基础上，让学生做自测试题。有些自测试题看上去似乎很简单，却能有效地检测学生的错误概念，引发学生之间的讨论。通过自测题能够检验学生的自学情况，教师可以根据学生的自学情况及时将课堂内容进行调整。

再次，把学生提出来的有价值的问题，请大家一起讨论。这些问题中有一些是部分学生已经能够回答的问题，对这些问题，可以请学生作答，教师补充、概括、总结即可。也有的是大部分学生没有思考过的问题，对这些问题，可以发动学生一起讨论，寻求答案。在教学过程中，如果有些问题，学生没有发现的、没能提出来的，而实际上是必须要注意的，或者理解可能有困难的问题，教师应该提出来供大家讨论。

最后，剩余时间留给学生做学习辅导，从而巩固本次课所学知识。考虑到课堂时间有限，教师要通过筛选，挑一些有针对性的、质量比较高的题目。

三、影响翻转课堂实施效果因素分析

综合学生的考试成绩以及问卷和访谈资料，发现“翻转课堂”教学模式一方面可以使学生的能力有所提高，但是另一方面在实施过程中产生了很多的问题。其中有许多因素影响翻转课堂的实施，如学生、教师、评价制度等。

（一）客观因素的影响

1.评价体系

教学评价方法对大学物理“翻转课堂”教学模式发展有着非常重要的影响，“考试”是为大家所熟知的评价方式。教师用考试所得的成绩来评价学生，学校用班级所得的成绩来评价教师，家长和社会以专业就业率或考研率来评价学校。“考试”在一定程度上的确是非常好的评价方式，既然考试有它自身的价值，并且可以深入地影响学校和教师的教学，那么“考什么、如何考能促进全面推进素质教育”便是值得教育者深思的问题。此外，只以“考试”来评价教学是不够的，多元化的教学评价内容可以带来更多的好处。学期末的成绩中既包含学生笔试成绩，也包括过程评价。但是，实施评价的方式也还存在一定的缺陷，多数评价的主体还是授课教师，评分人也只是授课教师，在今后实施过程中可以让学生参与评价中，让学生互相评价。从教师的角度来说，教师对学生的广泛评价，以发挥学生的主体作用，使学生积极全面地提高自己的知识和能力，提高课堂效率。从学校的角度评价，多元化的学校评价可以为教师免除改革教育模式的后顾之忧，使课程改革顺利进行，真正实现学生各方面均衡发展，为家长、社会交上满意的答卷。从学生角度来看，多元化的评价方式更加全面合理，对学生的全面发展起促进作用，同时如果让学生也参与评价中，学生学习的积极性就会提高，并相互监督，共同进步。

2.课程资源

大学物理翻转课堂教学模式下的课程资源可分为两部分：校内课程资源和校外课程资源。在高校课程资源中，高校教材是最基本的组成部分。教材作为学生的第一手资料，具有简单易懂、使用方便、知识丰富等特点。教材注重基础知识的示范，学生在“课前自学”环节，很难通过阅读教材拓宽知识面。在执行过程中，教师辅助教学录像等其他资源，帮助学生学习。同时，学校图书馆、实验室、电子阅览室等各种教学设施，也是学校课程资源的重要组成部分。充分挖掘和利用这些教学资源，有助于学生接受世界各国和地区的文化艺术影响。这些课程资源的开发对学生的影响是深远而长久的，不仅可以帮助学生培养学习兴趣，而且无论是对大学物理翻转课堂教学模式还是对其他学科的教学都是有益的。充分调动学生在课堂中的积极性，对课堂效率的提高作用更是毋庸置疑的。

丰富多彩的校外课程资源起到了重要的互补作用。如北京大学创办的网络学习平台，学生可以在上面观看优秀的教学视频，学生可以通过不同教师的讲解加深理解，有什么疑问，也可以通过网络来寻求答案。校外课程资源和学校课程资源对学生的影响平分秋色,学校应帮助学生去选择和利用这些校外课程资源,并使之成为学生学习和发展的助力。

无论是校内课程资源,还是校外课程资源,对大学物理翻转课堂教学模式的实施促进作用皆不可估量,在今后,学校要尽可能开发这些资源,使其充分发挥效用。同时教师要帮助学生整合资源,能够选出符合他们思维发展的资源。

3.时间分配

翻转课堂分为课前和课中两部分,课前主要是学生内化新知,课中主要是处理学生的问题。这里就涉及了时间分配的问题,通过学生的访谈我们也能看出,学生普遍反映,翻转课堂需要花费更多时间,教学视频一遍看不懂,通常会看第二遍、第三遍。这样学生事先不做好安排,就会出现课前投入大量时间但收效甚微的现象。因此在接下来的实施过程中,教师要事先帮助学生做好安排,督促学生按时完成内容。

大学物理翻转课堂教学模式也对教师备课时间提出了更高的要求。与传统教学模式的备课相比,教师需要花更多时间了解与教学内容相关的资料,以应对学生学习视频时可能出现的各种问题,了解学生对旧知识的掌握情况,分析学生可能会遇到的新问题。将学生可能遇到的问题进行明确的划分,以确定各个环节中学生要完成的教学目标。

(二)教师的影响

1.教师的责任意识

在翻转课堂这种教学模式下,教师的工作任务是繁重的,它打破了工作和休息的界限,需要教师投入大量的时间并树立责任意识,全身心投入才能收到良好的教学效果。教师的责任意识对于翻转课堂这种教学模式的开展也是非常重要的。“十年树木,百年树人。”教学工作的长期性,决定了教师需要有自我牺牲、无私奉献的精神。教师为了成就学生的梦想,需要奉献自己的时间和精力。将学生的利益放在首位,来完成社会赋予的神圣使命。

同时,新的教学模式的发展是对教师奉献意识的一种检验。学生的适应要教师来调整,教师需要分析教学效果,解决教学中遇到的问题,这就要求教师投入大量的精力。由于大学物理翻转课堂教学模式注重培养学生自学的能力,其独特的教学环节为教师增加了教学难度。为了使每个环节都有效,教师需要在课前做好充分的准备,收集大量的数据和制作教学视频。也需要高度关注学生的问题,以及课后教学反思、分析和解决问题的能力,同时优化教学模式。这时,教师的责任心和奉献精神就显得尤为重要,这就决定了教师能否认真地改进自己的工作,孜孜不倦地提高教学效率。

2.教师的专业素质

教师的教学能力是教育工作高质量、高效率完成的保障,教师提高专业素质的主要途径是学习学科知识和教育科学知识。学科知识的系统研究使得教师对教学目标有了准确把握。而教育学、心理学和教学法是教师在实践教学中采用恰当的教学方法的理论基础。只有掌握正确的方法,才能保证教学工作的顺利进行,才能起到事半功倍的效果。

同时,教师的科研能力也是提高教学质量的关键。教师的科研除了发现新知识、新观念外,还包括教师对教学方法改革的研究。因此,大学物理翻转课堂教学模式的开发与利用,就是对任课教师科研能力的一种考验。在教学实施的过程中,教师要对学生的行为进行观察和记录,对教学进行反思。通过研究找出实施中需要改进之处。以上都对教师的科研能力提出了一定要求。

3.教师的应变能力

在大学物理“翻转课堂”教学中,教师必须具有良好的应变能力,这是由“翻转课堂”特殊的教学环节决定的。“小组合作学习”环节是学生之间的交流讨论,学生之间的思维碰撞很容易产生“智慧的火花”。教师需要敏锐而迅速地识别和判断,并有效地妥善处理这些问题。

(三)学生的影响

1.学生的学习观

受到传统教育模式的影响,大部分学生心目中的“好好学习”就是指上课认真听教师讲解,下课按时完成作业安排,学生机械地接受教师分配的任务。长此以往,学生独立思考问题的能力以及创新意识都会被磨灭。翻转课堂教学模式以“学生的全面发展”为目标,将新型的人才培养方式落实到教学活动的各个环节。但是,在对实际教学情况的观察中发现,教学活动并没有收到良好的教学效果。例如,课前学习时“开小差”的现象时有发生,并不能按时完成课前的学习任务;部分学生用聊天嬉笑代替了“小组合作学习”;需要展示学习的结果或讨论过程中生成的问题时,学生常常集体沉默,没有学生主动发言。仔细分析不难发现,出现这些现象的根本原因是学生仍受“被动接受式”的学习方式的影响,不能积极主动地进行思考,不能全身心地投入到教学活动之中。学生错误的学习观念使教师的教学环节变得复杂、烦琐,无法发挥作用。翻转课堂要想发挥其优势,学生必须主动地适应新型的教学模式,适应的前提条件是树立正确的学习观。

2.学生的学习动机与兴趣

学生的学习动机是激发和维持学生进行学习活动的动力,学习动机可分为外在学习动机和内在学习动机两种。外在学习动机是由外部因素激发的,如父母的奖励、教师的表扬、获得优秀的成绩等。内在学习动机是由学生心理因素产生的,如求知欲、胜负欲等,这里我们可以将内在动机归结为学习兴趣,无论是内因还是外因都会在一定程度上影响学生的学习效果。通过对实际教学的观察不难发现,学习动机强的学生与学习动机弱的学生相比,学习成绩和智力发展情况一般要好很多。学生表现情况也会更积极。

若要使学习动机在大学物理翻转课堂中发挥作用,这需要学生和教师的共同努力。学生需从自身出发,在教师的帮助下树立明确的学习目标、端正学习态度。教师则应利用教学活动激发学生的学习动机,恰当地运用表扬和批评,合理地组织学习竞赛。

第六章 大学物理教学创新中的混合式教学实践

第一节 混合式教学的相关概念

混合式教学,即将在线教学和传统教学的优势结合起来的一种“线上+线下”的教学。通过两种教学组织形式的有机结合,可以把学习者的学习由浅到深地引向深度学习。

开展混合教学的最终目的不是使用在线平台,不是建设数字化的教学资源,也不是开展花样翻新的教学活动,而是有效提升绝大部分学生学习的深度。如果我们承认学习心理学是一门科学的话,就可以认同在学习方面是有相对简洁的路径可走,应该有相对稳定的规律。我们不要被所谓的学科不同、教无定法等表面现象所迷惑。在学习心理学上对学习内容的分类是确定的,不像我们所想象的那样千变万化,而不同类型的学习是存在科学规律的,对这些类型内容的教学也是存在规律的,同样不像我们所想象的那样“教无定法”,所谓的“教无定法”只是表面形式上的问题,各种教学法在基本的逻辑上是非常确定的。当然,我们必须根据实际情况进行最优化的处理,因为我们可能不一定具备开展最佳教学所需要的前提条件。总之,我们应该努力依据学习和教学的规律去实现提升学生学习深度的目标。

学习和教学的基本规律中如下四条尤为关键。第一,学习是学习者主动参与的过程;第二,学习是循序渐进的经验积累过程;第三,不同类型的学习其过程和条件是不同的;第四,对于学习而言,教学就是学习的外部条件,有效的教学一定是依据学习的规律对学习者给予及时、准确的外部支持的活动。

如上所述,混合式教学改革没有统一的模式。但是如果要依据上面四条学习和教学的一般规律,充分发挥线上和线下两种形式教学的优势,应该从以下三个方面去努力。

一、线上有资源:资源的建设规格要能够实现对知识的讲解

毫无疑问,对于线上资源建设,非信息技术相关学科的教师经常面临困难,但

是这种困难并非不可克服，因为我们倡导的教学资源并非要多么高端大气上档次，简单地屏幕录制加讲授即可。1000元以内的硬件投入，再加上两三个小时的编辑软件学习基本上都能够胜任这种微课的录制和编辑。剩下的问题不是技术问题，更多的是时间投入的问题。因为其中需要对以前的课件进行一些修改，需要进行课程知识点的分解，需要录制和编辑微视频，需要给知识点设定学习目标并开发一些配套的练习题目等。①

线上的资源是开展混合式教学的前提，因为我们倡导的混合式教学就是把传统的课堂讲授通过微视频上线的形式进行前移，给予学生充分的学习时间，尽可能让每个学生都带着较好的基础知识走进教室，从而充分保障课堂教学的质量。在课堂上我们的讲授部分仅针对重点、难点，或者学生在线学习过程中反馈回来的共性问题。

二、线下有活动：活动要能够检验、巩固、转化线上知识的学习

如前所述，通过在线学习让学生基本掌握基本知识点，在线下，经过教师的查缺补漏、重点突破之后，剩下的就是通过精心设计的课堂教学活动为载体，组织学生把在线所学到的基础知识进行巩固与灵活应用。让师生之间的见面用来实现一些更加高级的教学目标，让学生有更多的机会在认知层面参与学习，而不是像以往一样特别地关注学生是否坐在教室里。

三、过程有评估：线上和线下、过程和结果都需要开展评估

无论是线上还是线下，教师都需要给予学生及时的学习反馈，基于在线教学平台或者其他小程序开展一些在线小测试是反馈学生学习效果的重要手段。通过这些反馈，让教学的活动更加具有针对性，不但让学生学得明明白白，而且让教师教得明明白白。当然，如果我们把这些小测试的结果作为过程性评价的重要依据，这些测试活动还会具有学习激励的功能。其实，学习这件事既要关注过程，也要关注结果，甚至我们应该对过程给予更多的关注，毕竟扎实的过程才是最可靠的评价依据。

“混合式”教学，应该具有如下六个方面的特征：第一，这种教学从外在表现形式上是采用“线上”和“线下”两种途径开展教学的。第二，“线上”的教学不是整个教学活动的辅助或者锦上添花，而是教学的必备活动。第三，“线下”的教学不是传统课堂教学活动的照搬，而是基于“线上”的前期学习成果而开展的更加深入的教学活动。第四，这种“混合”是狭义的混合，特指“线上+线下”，不涉及教学理论、教

①白旭峰.大学物理教学方法探索[M].北京：中国原子能出版社，2021.

学策略、教学方法、教学组织形式等其他内容,因为教学本身都具有广义的“混合”特征,在广义的角度理解“混合”没有任何意义。第五,混合式教学改革没有统一的模式,但是有统一的追求,那就是要充分发挥“线上”和“线下”两种教学的优势改造我们的传统教学,改变我们在课堂教学过程中过分使用讲授而导致学生学习主动性不高、认知参与度不足、不同学生的学习结果差异过大等问题。第六,混合式教学改革一定会重构传统课堂教学,因为这种教学把传统教学的时间和空间都进行了扩展,“教”和“学”不一定都要在同一时间同一地点发生,在线教学平台的核心价值就是拓宽了教和学的时间和空间。综合上面六个方面的解释,我们对“混合式”教学概念的理解应该可以实现“共识”了。

第二节 混合式教学在大学物理教学中的尝试和研究

根据国家与社会的需求和高校自身发展的需要,高校培养的学生应既具有丰富的理论知识,又具有自主学习能力,发现问题、分析问题、创造性解决问题的能力等。传统的讲授法再也不能适应和满足培养应用型人才的要求。因此,在大学物理教学中采用多种教学方法相融合来提高教学质量具有极其重要的作用。

一、讲授与多媒体相结合的方法

讲授在学生学习未知的知识过程中是必要和重要的,在大学物理教学过程中教师充分发挥传统的教学方法和多媒体教学手段的优势,精简教学内容,突出教学的重点和突破教学难点;借助多媒体教学手段增加课堂教学的信息量,拓宽学生的知识面,对于课堂上无法做的大学物理演示实验和展现的场景等通过多媒体播放,让学生身临其境,充分调动人体的视觉和听觉等多个感官,引导学生对物理概念、物理规律的理解,使学生易掌握、学得快、记得牢,从而为学生用所学的知识来解决生活、工程中的相关问题以及课后学习和内化知识打下基础。

二、提问与启发相结合的方法

提问与启发式教学在教学活动中是最常用的。它有利于搞好教与学的双边活动过程,教师在教学活动中可以及时了解学生的学习状况,便于教师适时调控教学节奏,更重要的是提高学生的思维能力。要提高学生的思维能力,首先,必须培养学生的元认知能力。在大学物理教学中结合物理规律、物理原理的应用引导学生怎样进行科学思维,教给他们思维的方法和技巧,训练学生能够调控自己的思维过程，由依赖教师的启发提问，逐渐转变为能自我提高、自我启发。在大学物理教学中教师有针对性和目的性地设计物理问题，让学生体验在解决一个问题时用原来的方法思考不好，不容易解决问题，而用现在学到的新的思维方法去思考会更好，更容易解决问题。学生在以后遇到问题时，就能在很多方法中寻求用合适的方法去思考和解决问题。在课堂上经过多次反复训练，使学生不断地积累元认知体验，元认知能力就得到较大的提高。其次，必须提高学生的元认知监控能力。元认知监控能力包括自我监视能力和自我控制能力。学生在思考问题时，往往把思维集中在问题上，而忽视了该运用什么方法去思考。在大学物理教与学中，要求学生采用自我提问法，强化对学生思维的训练和强化，获得思维成就的经历和积累经验的机会。在给学生讲授物理规律和物理原理的应用时，教师通过讲授典型的例题引导学生怎么分析、思考，激活、调动、启发学生的思维，让他们知道当遇到一个物理问题时，首先应该认真仔细分析物理问题，接着思考该用哪些物理规律和物理原理来解决问题，自己问自己，通过自我提问来推动思维的发展，从而培养和提高元认知监控的能力。①

三、研究性学习指导

研究性学习指导是指学生在教师的指导下，以类似科学研究的方式去获取知识和应用知识的学习方式。在大学物理实验教学过程中，针对设计性和研究性实验项目，首先，教师启发和引导学生如何进行实验的设计和研究，并给学生及时点拨与指导，修正其思路，让学生获取如何进行研究的基本知识。其次，教师指导学生做研究的具体方法，即关于如何提问、如何查资料、如何做实验、如何解决问题、如何与他人合作、如何写设计性和研究性报告等。最后，学生实际操作体验，完成学习任务，达到既定学习目标。通过多次研究性学习过程的训练和实践，学生的思维方法和思维水平、发展运用科学知识解决实际问题的能力、创造能力和实践能力都得到提高。

四、治学型学习指导

在大学物理教学中，一是训练学生用所学的物理学原理和规律进行工程设计。通过训练可以培养学生应用知识解决问题的能力以及合作共事、独立钻研的治学精神。例如，通过磁场的学习，让学生设计一种能称重物的电磁秤；通过振动的学习，根据单摆做简谐振动的原理来测定所在地的重力加速度；通过波动的学习，设

①何志伟，刘丽．大学物理教学改革探索与实践研究[M]．长春：吉林出版集团股份有限公司，2019.

计汽车、摩托车用的管道消声器等。二是要求学生写一篇物理原理和物理规律在现代生活中应用的论文,训练和提高学生收集资料的能力、快速阅读的能力和科学处理资料的能力,培养和提高学生理论建构能力和论文写作能力。

五、翻转课堂和慕课

在大学物理教学中,利用校园网络平台,有针对性地选择部分教学内容做翻转课堂和慕课的尝试,教师推荐学生观看一些名师讲的大学物理开放课程,并让学生通过自主学习,思考和解决教师提出的问题,然后在课堂上学生分组讨论,再由教师重点点评。让所有的学生都参与到自主学习中,所有的学生都能获得个性化教育。教师从传统的圣人角色转变成导师,更加突出学生学习的主体性和主动性,以提高学生的自主学习能力。

六、"对分"课堂教学

"对分"课堂教学是指把一部分课堂时间分配给教师讲授,一部分课堂时间分配给学生讨论。其讨论采用的是"当堂对分"和"隔堂对分"。在大学物理教学中针对部分章节教学内容采用了"隔堂对分"课堂教学,如对于狭义相对论这一章的教学,可以采用"隔堂讨论",先由教师精讲本章教学内容,学生课后独立学习这一章的内容,写出通过学习后的至少三个亮闪闪问题,三个考考你问题,三个帮帮我问题。在下一次上课时,学生分组(每6人一组)讨论,交流亮闪闪问题、考考你问题、帮帮我问题,教师巡视,共用25分钟时间。然后教师抽查各个组来总结小组讨论学习的情况,共10分钟,教师找出学生问题的共性再作点评,共10分钟。

总之,教无定法,教学有法。我们要树立应用型人才培养的新观念和新理念,积极尝试和探究新的教学模式和教学方法,既不能盲目追风,又不能一概排斥。在教学中教师根据教育对象的情况,因材施教,精心设计课堂教学内容,采用混合式教学方法,让每个学生都能积极参与到学习、探索之中,引导学生主动和快乐学习,在自主学习中获取知识和提高能力,在学习交流中激发灵感,在问题思考中形成新的观念,在创新、创造中享受快乐和感受幸福。

第三节 混合式教学在大学物理网络教学平台上的实践研究

传统的教学模式主要依靠书本、黑板等,现代大学物理教学正迈向网络化教学方法的新时代。网络教学作为一种全新的教育方式逐步演化成人们快速获取、发布和传递信息的重要渠道,并进一步推动教育理念和教育方法的改革。当今高校能提供良好的网络教学资源,超过60%的高校已使用网络教学课程管理系统,混合学习成为高校教学改革的重要内容,混合学习模式应用为高校教学改革提供了新的思路,为学生的主动学习和研究学习提供重要的资源保证。作为大学的通选基础课程,大学物理一直是学生学习的难点,他们认为大学物理难学、难懂,学习兴趣不高,所以在高校大学物理的过关率很低。如何更好地将现有的资源最大化地应用到学生的学习中,去解决大学物理的学习困难,在这种形势下,大学物理的教学改革将何去何从,引起业内人士众多的探讨。针对大学物理进行了多方面的教学改革尝试,积极进行大学物理网络辅助教学平台的建设与实践,发挥网络教学资源的辅助作用,通过对学生的教学效果对比,寻求最佳的教学改革方法。

一、教学改革的实践和数据分析

这里选择2个学院5个班级的学生为研究对象,设立两个对比组,一组为机械学院学生,为机制班(58人)、材料班(49人)和农机班(45人);二组为物电院学生,为电子班(54人)和电工班(58人)。为让大学物理更好地与专业结合,激发学生学习兴趣,根据专业特点对教学内容进行了改革,一组侧重力学,二组加大了电磁学部分。学生基础分析:一组的机制班基础最好,基础最差的为农机班。二组学生基础相近。为了比较出教学手段对学生在大学物理学习中的影响,两个组采用的教学手段分别为:一组机制班为传统板书授课、材料班为多媒体授课、农机班为网络教学平台和多媒体的混合式教学;二组电子班为传统板书授课、电工班为多媒体授课。为了掌控学生阶段性的学习成果,可设置单元测试。为使分析的结果更客观可信,在考试中采用统一试卷。

第一次的单元测试成绩可比较各班级学生基础,一组学生初期基础较差,二组学生基础相当。从各班级单元测试成绩对比可见学生成绩都在提高,学生学习兴趣和掌握知识的能力在增强,农机班学生成绩提高显著。在课题组进行的末考卷面平均成绩和及格率的统计中发现一组的农机班也是最优的。农机班在教学中采用网络平台与多媒体混合式教学，说明学生对此教学手段是适应和喜欢的，能有效地提高学生的成绩；二组中电子班的成绩分布相对较好，说明与传统的板书教学方式对比，多媒体的教学具有一定的优势。综合两组数据，农机班成绩最突出，可以得出网络平台的混合式教学是最佳的教学手段。这一结果在对比综合成绩、及格率也得以体现，采用混合式教学的农机班及格率最高达到91.3%，打破了以往在高校中大学物理过关率极低的魔咒，说明学生对本次大学物理的学习已掌握，达到了大学物理的教学要求。①

对近两年的对应专业班级成绩和及格率统计，改革后各班的成绩和过关率均提高，说明对教学内容的调整改革是有效的。综合整体效果，农机班学生成绩和及格率的提高最明显，说明采用网络平台与多媒体混合教学手段对提高学生的成绩和及格率有效。

二、网络教学平台的使用

网络教学平台的基本思想是从学生为主，教师为辅。教师需要提前完善网络平台的资源，为增加课程的趣味性和拓展课余知识，还设置了物理进展目录和科学家的事迹简介等，追踪物理学史和科技前沿，资料要随时更新，教师的工作量很大。

学生在应用网络平台时要做到：在网络教学平台系统完成学习任务，课前学生通过预习PPT，思考并完成预习测试，在讨论区中提交发现的问题，也可进行相互讨论。课下学生在平台中可点击试题的讲解视频，练习试题，浏览课程相关资料，定期完成单元测试等任务。

教师建设平台的资源后，进行课程设计，课前选择预习题和设置问题，发布预习任务，通过分析预习测试调整授课内容和知识点的授课时间，对学生反馈的问题，教师可通过在线回复或课上引导来解决问题，这是课程设置中的难点也是重点。教师参与讨论，对学生的学习方向引导；每章进行单元测试，对学生学习动态充分把握，不断调整教学策略，完善教学方法。网络平台的使用对于教师来说是很大的考验，需要付出更多的时间和精力，让教师对自己教授的课程重新整理和思考，此平台对教师和学生起到了双督促作用，教师对知识点整体不断梳理才能实现网络平台的资源建立，对课程的前期安排和总结提出更高的要求，促使教师要针对学生特点不断思考和逐步调整。学生要通过课程，逐级完成各项任务，过程中要积极参与不停思考，在潜移默化中掌握知识，能够发现和解决问题，激发学习兴趣，通

①魏彦平，胡冰，马自军.混合式教学在《大学物理》课程中的应用[J].兰州文理学院学报(自然科学版)，2024，38(03)：115-118.

过这样的学习，过关就不再是“神话”了。

课题组对教学内容、手段和考核方式等多方面进行改革，设置对比组，教学手段分别采用传统教学、多媒体教学和网络教学平台的混合式教学，通过对学生的期末考成绩和综合成绩对比分析可见，单纯的传统教学和多媒体教学对改变学生的学习成绩来说效果不明显，唯有网络教学平台的混合式教学效果显著，最终得出网络教学平台的混合式教学在目前的大学物理的学习中是最有效的教学手段。

第四节　混合式教学在大学物理实验中的应用分析

物理实验是理工科类高等学校对学生进行科学实验基本训练的必修基础课程，是本科生接受系统实验方法和实验技能训练的开端。传统授课面临诸多问题：一是任课教师太多，授课要求不统一；二是学生来自不同院系，班级太多，管理不方便；三是实验成绩统计烦琐；四是对学生的预习效果无法准确考核评价；五是学生认知水平差异，但人数较多难以做到个性化教学。

结合国内外的相关文献可以看出，我们常说的混合式学习是混合离线和在线学习、混合自定步调的学习和实时协作混合结构化与非结构化学习。混合式学习最本质的核心就是对特定的内容和学习者，用适合教学内容传输和学习者学习的技术手段来呈现与传输。目前，从不少研究结果上看，线上线下相结合的混合式教学在一定程度上能够提高学生的学习效果。针对以上问题，本节结合大学物理实验课程的操作性、实践性特点，设计了基于网络学习空间平台的混合式教学模式，以期探究该教学模式下大学物理实验教学活动带来的新变革。

一、混合式教学活动的前期准备阶段

混合式教学是指线上教学和传统教学相结合的教学范式。混合式学习强调把理论教学和技能训练有机结合，把教师的教和学生的学有机统一。这样既可以充分发挥学生在学习中的主动性、积极性和创造性，又能充分发挥教师在引导启发教学的主导作用。下面是混合式教学活动开展前的准备阶段。

（一）规划总体课程安排

大学物理实验分两个学期，在两个校区进行，仅东校区上课班级量达21个班，学生人数多，授课教师人数达18人，一学期9个实验项目重复授课。采用教师小循环、学生分组大循环的形式完成9个实验项目。传统授课导致实验管理困难、教师

打分标准不统一。所以本节的混合式教学利用Sakai网络学习空间，由18位教师线上统一维护管理，线下各教师协作授课，课后统一登记课程成绩。线上学生自主学习阶段开始前，需要教师准备大量的、能涵盖相应教学内容的代表性问题，线下教学要求教师要善于组织课堂活动。

（二）丰富网络学习空间教学资源

学生的学习方式如果是混合式的，那么教师的教学活动就应该做相应的改变，比如给学生提供更多的学习资源，创设更有利于学生自主学习的环境。基于教育部倡导的，对课程资源建设共建共享的理念。大学物理实验课程在网络学习空间的教学应用资源由多名教师共同创建，包括课程内容扩展、资源练习、测验题等几大类主要内容，还有绪论和18个实验项目。大学物理实验课的课程内容和扩展资源的表现形式主要以实验视频仿真实训录屏，还有原理PPT文档等，而练习测验题是由具有丰富经验的教师精心设计，以测验的形式发布。

（三）设计教学模式及流程

大学物理实验课是实践性操作性较强的课程。因此在教学中要采用线上线下相结合的混合式教学模式，并设计具体教学流程。该流程如下：①教师在平台上传教学内容和资源，学生在线学习课程内容。②在完成相应单元内容学习后，师生进行交流答疑，并进行相应章节的练习测验，通过测试成绩对知识点进行查漏补缺，从而达到强化预习知识的目的，同时教师通过平台查看学生练习测验成绩，结合每一道题的答题详情总结知识重点及易错点，确定线下教学内容。③学生线下实验操作完成实验报告，并将实验报告上传至网络学习空间的作业栏，供教师批改或学生互评，同时开辟讨论区供学生就实验问题开展讨论，计入考评成绩。

（四）制定考核标准

在传统教学中，大学物理实验课的考核存在不足。比如，预习环节是凭纸质的预习报告，教师主观打分具有随意性，很难做到客观公正，成绩评价比较单一。但是结合教学活动预习考核，包括实验操作、实验报告互评，以及讨论区参与度等环节，在Sakai网络学习空间平台的成绩册一栏，功能可设置多个大项，并结合学生线上线下的主要学习活动按照权重分配分值，从而进行综合考评。我们可以很方便地添加考核项目，如考核测验、问题讨论等，使课程评价更客观公正，调动学生的参与热情。

二、混合式教学活动的实施阶段

整个教学实施过程应该始终以学生为中心，最大限度地调动学生自主学习的积极性，提高学生的实验技能，训练学生的创新思维方法及综合运用知识的能力。

（一）线上创建课程和班级管理

线上平台主要采用的是Sakai网络学习空间平台，任课教师建立自己的课程空间系统，可以自动导入该教师本学期的教学课程和相关的教学班级信息。一位教师负责创建2023—2024年度第一学期必修物理实验课程，并添加课程需要的课程介绍、课程大纲、课程内容、课程信息、练习测验、作业、讨论区、答疑区、统计分析、成绩册等多形式的栏目板块，将其他任课教师添加到该课程，并赋予他们教师的角色，实现各个任课教师对该课程的协同管理，由各个教师将其教学关系下的所有班级添加至该课程，即完成了课程的建设和学习者的添加。

（二）学生线上自主学习及测试

教师将大学物理实验课的教学内容和学习资源，包括绪论在内的10个单元的资料上传至平台的实验内容、课程资源两个板块，并将对学生的预习情况进行知识前测的测验题目按照实验项目上传至练习测验。

在实验课程开始前，学生可以自主选择学习时间和地点，登录网络学习空间，对教师即将讲授的实验课进行自主学习，在网络学习空间平台的聊天室和讨论区进行学习交流。在完成课程内容的预习后进行相对应实验的练习测验，合格后方能进行实际操作实验。

（三）教师结合学生预习前测开展线下教学

教师通过网络学习空间平台练习测验板块，查看学生对知识预习的前测整体成绩和每道题的答题详情以及学生在平台的互动问答内容，从而统计学生的预习效果，归纳学生普遍的错误。知识点作为线下教学的重点，开展个性化教学指导。

学生在网络学习空间进行知识的预习后，针对自主学习的情况更有针对性地进行线下学习，同时教师根据前测情况更有针对性地进行线下实验课的操作讲解双向，针对性开展线下教学活动更有目的性。[①]

（四）师生共同批改实验报告

教师在网络学习空间平台的作业板块布置相关实验内容的作业，学生在线下进行实验操作并完成纸质的实验报告，将纸质实验报告拍照上传至网络学习空间平台的作业板块。教师批改或者学生互评的方式，将作业下载评改或者在线评改打分系统自动将学习者的分数按照权值比例换算后添加至成绩册。

①解玉鹏，刘文彦，吉丽．大学物理线上线下混合式教学探索[J]．吉林化工学院学报，2023，40（10）：19-22.

三、混合式教学活动的应用分析

(一)线下独立班级线上统一管理

传统课堂的管理和预习测验的统计是一项繁重而琐碎的工作,混合式教学模式将对学生的教学管理和测验统计应用,在网络学习空间平台上打破了时空的限制,实现了对各个班级的统一管理,节省了纸质统计测验结果的工作量,为教师带来了极大的便利。

(二)学生线上知识前测,精准教师线下内容导向

大学物理实验的传统教学活动中,学生预习一般在课前进行。教师通过纸质测验预习效果,由于每次学生人数众多,无法对学习者的预习程度和知识的掌握情况做出精确的统计。因此教师只能依照实验的教学目标、重难点和以往的经验进行操作,实验授课指导与学生沟通指导缺乏较强的针对性。

混合式教学模式的网络学习空间预习包括对实验知识的学习和练习测验的完成,即实现对大批量学生的新知前测。通过网络学习空间平台对客观题的自动批改完全节省了教师人工批改打分的任务量。同时,教师可以在批改详情中查看学习者的答题情况,包括每道题的正确率和错误率,为教师的线下实验指导教学活动提供了强有力的内容引导,让教学结合学生的已有认知更有针对性,实现学生和教师实时的在线交流疑问解答。

(三)教师身份转变学生加强自主意识

教师角色从传统教学意义上的传道者变为引导者、组织者。在混合式教学中,教师在线上答疑室板块跟学生进行实时的沟通交流结合线上、线下的教学活动。教师更多的是学生自主学习过程的一个引导者、解惑者. 而线下的实验操作教师更多的是组织者、监督者,学生由被动操作变为积极参与者。学生在网上自主学习行为增多,提高了自主学习能力。调查问卷统计结果表明大部分学生能够接受混合式教学模式。

(四)无纸化的成绩统计、规范化的立卷存档

传统的物理教学通常使用纸质评改,这种方式不仅不方便,而且分数的统计工作量,占据了教师很大的精力和时间,而混合式教学中的学生线上提交实验报告,很大程度地实现评改便捷、自动统计分数的功能。学生在线下将纸质的实验报告填写完毕,将其保存为电子照片的形式上传至网络学习空间,按班级立卷存档,方便教学质量评估时快捷抽查实验报告。网络学习空间有强大的数据统计功能,可以记录教师、学生参与各种活动的项目次数。以前靠手工输入学生成绩进行统计,成绩的优秀率、及格率无法调控。利用网络学习空间的成绩册既可以调整成绩项

的权重、改变成绩的比率，又可以方便添加考评项目，注重对学生实验过程考评，尤其方便查询每个同学的单个成绩和总评成绩。

随着“互联网+教育”时代的发展，教师在探究教学改革过程中既要敢于尝试当下发展的新兴教学模式，也要不断地提高自己的信息技术水平和教学设计能力。只有教师自身的信息素养和教学设计能力得到真正提高后，才能结合教学内容分析学习者特征，灵活设计出有针对性的教学活动，从而创新教学应用，优化教学效果。

第七章 大学物理教学创新中的智慧学习系统构建

第一节 大学物理智慧学习系统的教学分析

移动学习技术和在线教育的蓬勃发展，给教与学带来了新的价值与使命，智慧学习作为学习方式的高端形态，对于变革教学模式、实现教育新范式起到了不可忽视的作用，在全球范围内的呼声也越来越高。构建信息技术支持下的智慧学习系统，最大限度地挖掘智慧学习的功能和应用，实现"智慧化"学习，是教育信息化发展的必然趋势。

一、智慧学习系统的教学分析

随着AR、VR、云计算、大数据等信息技术的不断涌现和高速发展，现代技术正逐步改变人们的思维方式、学习方式。伴随着"智慧地球"设想的提出，"智慧化"理念，如智慧城市、智慧医疗、智慧交通等，开始走进人们的视野。教育领域也掀起了"智慧教育"的浪潮。智慧教育是当代教育信息化的新发展，已受到国内外学者的极大关注。智慧教育的基石是智慧学习，智慧学习的目标是实现学习者个性化、智慧化发展，因材施教、个性化教与学是智慧学习的必由之路。智慧学习系统是智慧学习的技术平台，是开展智慧学习的信息化条件。

大学物理是高等院校理工科学生必修的重要基础课。由于物理知识大多抽象、难懂，学生基础差异过大，课程学时少、内容多等，大学物理课程教与学极不和谐，师生中常见"怨声载道"。鉴于此，教师有必要对大学物理学习方式、教学方式做一些改进。

为了解理工科大学生学习大学物理课程的基本现状，为大学物理教学提供借鉴和参考，笔者进行了学习情况调查。该调查采用电子问卷的方式，调查对象为某大学2021级、2022级修读大学物理课程的理工科学生，涉及化学、计科、机械、电科、数学等不同专业，有一定的代表性。问卷由学习态度和兴趣、学习困难、学习方式、对大学物理的期望四个维度14个项目组成。问卷发放开始时间为3月13日，终止时间为4月11日，共回收327份调查问卷。①

（一）学生的学习态度和兴趣

调查显示，大部分学生认为大学物理可以培养自身的逻辑思维能力和动手能力，并对今后的工作和生活有帮助，小部分学生认为大学物理对以后的生活和工作没有什么作用，为应付考试而学习；绝大多数学生认为大学物理的课程内容和所学专业有关系，并且近一半的学生认为帮助很大。当涉及对大学物理课程的整体感觉时，排在第一位的是"只想对该课程有所了解，不想深入"（占比近一半），接下来分别是"对大学物理有兴趣并希望多学一些"（占比近一半）、"没兴趣，考试及格就行"（占比很小）、"学了没什么用处，但不得不学"（占比很小）。虽然大部分学生认可大学物理的重要性，但是接近一半的学生不想深入了解课程内容，这形成了一个矛盾。也就是说，学生对于物理课程的重要性是认可的，但是兴趣度不够。

（二）学习困难

对于大学物理的难度，近一半的学生认为基本能听懂，一小半学生处于半懂不懂状态，少部分学生认为很难，听不懂；对于影响学习的因素，学生主要反映内容枯燥，公式太多（一半以上），并且课时太多，应付不来（近一半），也有学生认为没有英语、计算机、专业课等重要（少部分）。调查结果显示，学习大学物理最大的障碍是课程的难度、节奏快（一半以上）。

（三）大学物理的学习方式

从学习方式来看，学生主要通过两种方式学习——课堂和网络。大部分学生目前学习物理的方式是"自学＋听讲"，只有少部分学生借助一些现有的学习平台或资源进行学习；学生比较喜欢的物理学习方式是"多媒体＋教师讲授"（一半以上），也有学生喜欢课前自主学习，课中讨论解决问题（少部分）；如果学习中遇到困难，大部分学生会借助网络，如QQ等，这样有利于快速解决问题。从教学手段和方法来看，目前出现了翻转课堂、MOOC、SPOC等教学方法，教学研究者需要结合具体学科运用合适的教学方法。

（四）学习大学物理的期望

关于学生对大学物理课程的期望（此题为多项选择），绝大部分学生认为大学物理课程应该是有趣的，大部分学生认为该课程应与高新技术广泛联系，部分学生认为课程要多介绍日常生活应用，还有部分学生认为该课程要多动手操作。问卷最后一道题是开放题，了解学生对物理课程教学的建议、期望，学生回答主要集中在以下几个方面：①课程内容要增加一些趣味性，不局限于PPT；②多做实验，增强

①王娜娜.高校大学物理教学改革与实践研究[M].长春：吉林出版集团股份有限公司，2021.

动手能力;③和生活实际联系起来,使理论知识更形象化;④在考核方式方面,增大平时成绩比例;⑤增大课时量;⑥提供预习材料,或者指定预习内容。开放题部分反映了学生对于课程教学方式、教学内容、考核等方面的建议以及对该门课程的期待,其可为后续研究提供一些参考依据。

二、智慧学习系统的教学设计

(一)学习者特征分析

学习者特征分析是教学设计中的一个重要步骤,教学设计中的一切活动都是为了学习者的学。通过分析学习者,可以更加清晰地确定教学目标、学习内容、教学方法、教学媒体。苏联教育家苏霍姆林斯基曾说:“没有也不可能有抽象的学生。”其意思就是学生都是活生生的具体的人,教师在教学中要考虑学生特征,因材施教。结合大学物理的学习内容,笔者将从以下三个方面分析学习者特征。

1.一般特征

一般特征是指对学习者学习有关学科内容产生影响的心理和社会的特点,与具体学科无直接联系,但影响教学设计的各个环节,如学生的年龄、性别、智力、学习动机、生活经验等。对于大学物理学习者来说,年龄在20岁左右,处于皮亚杰认知发展理论的形式运算阶段,具有较高的思维抽象性和逻辑性,能进行假设和演绎推理。笔者重点分析了他们的学习动机。根据凯勒ARCS动机模型,影响学习动机的四个因素分别为注意力(attention)、相关性(relevance)、信心(confidence)和满意度(satisfaction),简称“ARCS”。

(1)注意力

唤醒并维持学生的注意是激发学生学习动机的首要因素。因此,在设计、开发大学物理智慧学习系统时,教师要考虑学习者的“注意力”问题。要想激发学生的兴趣,需要教师熟悉教材,能挖掘出学生感兴趣的地方。研究发现,在学习过程中,学习者存在一条“注意力法则”,即学习者在40分钟的课堂上一直保持全神贯注不太容易,高度集中精力学习的时间一般只有10分钟,时间一长,注意力就会下降,学习效率就会降低。将物理学知识拆分为一个个小知识单元,在一定程度上可以维持学生的注意力。

(2)相关性

学生的注意被吸引后,他们可能会问为什么要学习这些内容,这些内容和他们有什么样的关系,这些问题涉及的就是相关性。智慧学习系统充当着“智能导师”的角色,要了解学生的需要,就要和生活相贴近。对于大学物理的学习者来说,相关性体现在职业发展、某种用途、个人兴趣和考试。关于职业发展和某种用途，就需要教学资源多与生活实践相契合；至于个人兴趣和考试，涉及学习者的先前知识。

有意义学习是奥苏贝尔的重要观点之一，强调新知识与学习者认知结构中已有的知识、观念能够建立起非人为的实质性联系，如此学习才有价值、有意义。进行有意义学习需要三个前提条件：具备逻辑意义的学习材料；具有意义学习心理的学习者；学习者具备原有的适当观念来同化新知识。在进行教学设计时，只有认真考虑上述三个条件，才有可能进行有意义的学习。

(3)信心

信心对于激励学习的作用不言而喻。在学习中，系统应告知或引导学生明确学习目标和评价依据，让学生心中有数；设置多元的评价标准，给予学生鼓励，增强其学习自信心。

(4)满意度

教育心理学认为，学习动机的获得，依赖于学习者能否从学习经历中得到满足。如果学生在学习过程中获得了满足，就会更加愿意学习，并且对以后的学习能够产生期待。在学习系统的设计中，教师要考虑学生的特点，提供交流平台，及时查漏补缺，提供正向的鼓励和反馈，让学生学有所得，获得满足。

2.初始能力

初始能力一般是指学生在开始学习某一特定的学科内容之前已具备的相关知识与技能的基础，包括对学习内容持有的认识和态度。初始能力分析包括以下几点：①预备技能的分析，学习者是否具备开始新知识学习时必备的知识与技能，这是开始学习新知识的基础；②目标技能分析，了解学生在开始学习之前是否已经掌握或部分掌握目标知识；③学习态度分析，了解学生对知识内容是否有兴趣、是否存在畏难情绪或偏见等。确定学习者的知识基础一般采用“分类测定法”或“二叉树探索法”。在实际教学中，教师通常编制一套测试题，以判断学习者的知识能力。

3.学习风格与大学物理学习

在物理教学中，研究学生学习风格具有重要的意义。第一，可利用学习风格来改善学习的效果。物理学习材料通常有三种，分别是文字、语音、视频，学生是学习的主体，其学习偏好将通过学习风格来对物理学习过程产生影响。第二，可利用学习风格来选择适当的学习策略，以提高学生的学习水平。

(二)学习模式设计

学习模式是指在相应的理论基础上，为达成一定的目标而构建的较稳定的学习活动结构。关于智慧学习模式,学者们已做了相关研究,郭晓珊等基于智慧学习环境的分类和智慧学习的内涵、特征,设计出独立自主式学习模式、群组协作式学习模式、实践学习模式等,以此满足自主学习、协作学习、实践学习等不同学习需求。卞金金通过分解智慧课堂学习过程中的各要素,针对学习活动的特征,结合学习评价的需要,从课前、课中、课后三个环节着手,设计出基于智慧课堂的新型学习模式。笔者从物理学科内容以及“以学习者为中心”出发,设计基于微知识点的自组织学习模式,以期满足学习者个性化、智慧化发展需求。

学习者在开展学习活动前,应确认是否进入学习风格测试。选择学习风格测试即进入导引模式,系统收集测试数据,智能化推送合适的资源,学习者自主决定是否听从系统意见或自组织学习方案。智慧学习系统以每一章为单位,把物理知识点分解为一个个“节知识点”,“节知识点”下包含“目知识点”,“目知识点”构成知识树上的微节点,对每个微节点建构集文字、图片、动画、视频、漫画于一体的资源,学生可以利用移动终端,随时随地自主学习。同时,对每个学生的学习过程进行智能化跟踪记录、测试诊断、分析评价、反馈矫正,记录其学习成长轨迹,找到每个学生知识、思维、习惯各方面的优点、缺点、特点,便于学生随时了解学情,对症下药,选择正确的学习道路。

学习者可以根据自己的需求从系统里挑选学习资源,也可以选择系统智能分析之后推送的资源。如果推送的资源令人不满意,也可以重新自主选择。当然,教学资源需要有经验的教师基于知识点精心组织。学习路径的确定依赖于知识点之间的结构化关系以及学习者的知识掌握情况。要想为学习者提供学习路线,系统就需要了解有哪些学习路径,哪种学习路径可以快速达成学习目标,这样可以避免不必要的环节,提高学习效率。学习是一个内化的过程,具有不可测量性,一般只能对学习结果进行测量,特别是在线学习,不能直接观察学习者的学习情况。对此,研究人员采用多种评价方式,试图通过数据,如学习时长、已学内容等来表征学习者的学习结果。在学习新知识前,首先,对学习者进行诊断性评价,设计前测题目,判断学习者的知识基础和准备情况;其次,在学习过程中,对每一个知识点设计相关循环测试题,答对方可进入下一知识点进行学习,同时了解学习者的知识掌握情况,即形成性评价;最后,每一章内容学习完毕,设计后测题目考核学习者学习情况,并且综合学习过程整体表现,将结果反馈给学习者,即总结性评价。

第二节 大学物理智慧学习系统的设计

一、整体设计

(一)系统需求分析

1.系统目标

系统目标是在深入学习并深刻分析智慧学习系统的相关理论知识和技术的基础上,尝试设计开发一套智慧学习视角下的学习系统,对智慧学习系统的构建进行探索性的实践研究,并选择以大学物理课程为学科基础进行实践验证。具体而言,本节主要从理论和实践角度制定研究目标。

在理论上,通过研读文献,梳理智慧学习相关研究,从“教”与“学”的角度对大学物理课程的学科性质、课程内容、教学目标进行总结分析,探究影响大学物理学习风格的因素,构建学科知识模型、学习者特征模型,为后续构建大学物理智慧学习系统做好理论铺垫。

在实践上,完成学科知识库的构建,建立一个拥有基本网络课程功能的移动学习平台,同时在学习过程中能够分析学生学习物理课程时的学习风格,寻求学习者的学习偏好,提供自适应的学习资源,跟踪记录学习者的学习情况,包括学习时间、知识掌握情况。真正满足大学物理智慧化教学的理念,避免学生因自我知识缺陷认识不够,在选择学习资源时产生信息“迷航”现象,影响学生的自学学习效率。

2.功能需求

本系统有三种用户角色:学习者、教师、管理员。其中,学习者的主要功能为学习风格问卷调查、学习资源的获取和学习、查看学习情况以及讨论交流;教师的主要功能为查看学习者的学习风格、管理学习资源以及进行学习者评价等;管理员的主要功能为学生信息、权限、数据更新。

(二)系统特征分析

“以学习者为中心”的学习模式是智慧学习的主导模式。这就涉及“怎么学”的问题。智慧学习系统能实现以下功能:判断学生的学习风格和知识水平;根据学生自身的学习情况、学习路径,提供相应的学习资源,包括音视频、文档、动画、漫画以及个性化的习题;追踪学生的学习情况,最大限度地提高学生的知识水平。具有上述功能的学习系统应具有以下三个特征。

第一,根据学习风格量表判断学生的学习风格。

第二,向学习者提供合适的学习资源。

第三,追踪记录学生的学习情况。

(三)总体结构设计

根据之前的需求分析,将学习系统的总体结构分为五大模块:学习者特征库、学科知识库、学习资源库、诊断库、学习行为日记库。[①]

1.学习者特征库

学习者特征库是整个学习系统的基础和前提,详细地描述了学习者的特征信息,包括基本信息、学习风格、知识水平。

(1)基本信息

该模块主要对学习者进行管理。学习者进入学习系统,需要进行登录,发送学号和密码到服务器端,服务器端和客户端进行学号和密码的校验。

验证的步骤如下:客户端先向服务器端发送登录请求,服务器端与客户端之间建立会话,客户端收到会话信息后,向服务器端发送学生账号信息,服务器端验证学号名和密码信息,后台数据库会通过查询信息来验证学生账号的正确性与否,账号正确,就会给学生端反馈登录成功信息,使客户端和服务器端连接成功。如果账号不正确,则登录不成功。

学生注册:学习者在注册页面填写必要的注册信息,之后提交即可。

学生登录:学习者用户进入登录页面后,输入账号信息后即可成功进入该系统,然后自主决定是否填写所罗门学习风格测试题。之后进入课程主页,开始学习。

找回密码:学习者登录后,若忘记密码,在找回密码页面输入相关信息后就能得到密码。

修改密码:学习者登录后,在修改密码页面先输入原密码,再输入新密码,即可修改密码。

(2)学习风格

学习风格主要描述学生学习新知识时习惯使用的学习策略与学习倾向,在"以人为本"教育理念下,关注学生学习风格,用一套科学严谨的理论去指导和帮助学生,只要使师生的教与学得到良好的配合,就能在教学中真正做到以生为本。

(3)知识水平

描述学习者对知识点的掌握情况。

2.学科知识库

系统的建构依赖一定的领域知识,需要对课程内容整理设计,包括对知识内容

①戴玉蓉.大学物理实验先修教程[M].南京:东南大学出版社,2021.

的分析、知识结构的梳理，以建立相关的领域模型。

3.学习资源库

（1）资源管理

学习者在客户端所访问的课程信息、在线视频信息及相关资料，都属于存储在数据库中的学习资源数据。在个性化的学习环境下，知识点的表现形式可以是多种多样的，能够适应不同的教学策略和学习者。学习资源由若干个知识单元组成，每一个知识单元都包含文本、音视频、动画等资源。资源模块主要实现对资源的管理，包括对资源的添加、查询、修改和删除以及根据学习者学习风格向学习者推荐学习资源。

（2）资源推荐

学习资源的推送即学习内容的动态组织。学习内容的组织一般依据对学生学习风格的测试分析结果。系统根据学生学习风格分析结果呈现不同的学习资源。

4.诊断库

在本学习系统中，进行教学诊断时采用测试的方法，并以问题库为基础，包括章前测试、环节测试、章后测试。教学诊断是实施智慧学习的基础，伴随着整个学习过程，所以要经常对学习者进行测试。每一节结束后会有相应的测试，每一章结束也有测试。每一个知识点至少有两道题目，用于该小知识点学习完后进行测试。章节测试为一套题，至少有20道题目。学习反馈包括自我评价和系统评价两部分。学习者可以根据自己的学习表现，在讨论区交流学习进展，还可以根据系统提供的测试结果进行自我反思。

5.学习行为日记库

学习行为日记库统计学生的姓名、学号、访问资源的类型、访问资源的名称、学习时间分配等，分析学生的学习情况，进而为学生提供在线学习反馈，使学生了解自己的学习情况，对自己的学习策略进行适当的调整。当然，这些统计也可以方便后台对学习资源进行适当的调整和补充。

（四）系统学习流程设计

系统的核心就是学习模块设计，也可以叫作智慧化学习支持，主要给学生用户提供学习支持。在收集和分析学习者的注册信息和学习风格信息的基础上，根据学习者测评结果，给学生分配相应的学习资源，提供个性化的学习支持，并记录学习过程和学习内容，在系统中扮演着智能导师的角色。在学习者完成学习的过程中，学习系统会根据学习者遇到的未知知识以及其他困难，结合学习者的学习风格，有针对性地选择相关的资源，对学习者提供帮助。在学习流程环节，系统可提供两条学习路线：其一，学习者可以根据自己当前所需，明确学习目标，制订学习计划，从资源库中手动精心挑选学习资源；其二，可以依赖系统，针对学习者提交的学习风格测试题进行智能分析，帮助学习者快速、准确地获取所需资源。

二、学科领域知识库建模

目前关于智慧学习的研究无不提倡灵活开展学习活动、按需获取学习资源，这也体现了建立庞大资源库、知识库的必要性。智慧学习系统依赖网络技术，整合各类学习资源，针对不同的学生，动态了解学生状况，以达到最佳的学习效果。实现系统功能的一个重要前提是知识库的构建。知识库由领域内知识点及其相互关系构成，被系统其他模块调用。构建一个完备的知识库十分关键，与系统的学习功能能否充分实现息息相关。

（一）知识库的内涵

知识库是基于数据库和人工智能的高级产物，虽然数据库可以处理大量数据，但是在知识表征方面有些欠缺，而人工智能虽然不能高效检索，但是可以实现基于规则的知识推理。因而，知识库就是将两者结合起来，以一致的形式存储知识，集知识表达、数据检索于一体。知识库的建构需要收集大量的领域知识，并用相关的信息技术将收集的知识用计算机来表达、存储和管理，使知识符号化，成为计算机能够识别的符号，因此知识库中的知识是高度结构化的符号数据。建立知识库的前提是具有学科知识内容的专家级水平，通晓知识点之间的结构关系。

（二）本体理论与知识库构建

自20世纪80年代万维网诞生以来，其经历了基于HTML网页的Web1.0时代，以注重用户参与、相互交互为特点的Web2.0时代，以实现资源共享为目的的Web3.0（即语义网）时代以及知识分配的Web4.0时代。随着技术的发展，Web的开放程度似乎越来越大，个性化和多元化需求也更加明显。语义网是由万维网联盟的蒂姆·伯纳斯-李在1998年提出的一个概念。它是一种智能网络，目的是在计算机和人能理解的语义之间建立一种联系，实现Web信息的自动处理，适应资源的快速增长，对网上的各种资源进行“思考”和“推断”，实现数据之间的关联和共用，使人与电脑之间的交流变得更“人性化”，最终实现智能化网络的应用目标。在结构上，语义网大体由元数据、资源描述框架和本体三部分组成，核心是通过给互联网上的文档添加元数据，实现数据间的语义通信。元数据，即描述数据的数据，具有语义共享性；资源描述框架用于描述网络资源，提供一种主（subject）、谓（property）、宾（object）三元组形式的数据存储结构；本体提供概念、概念关系以及概念属性的定义，为语义网的语义推理提供基础。本体源于哲学里的一个概念分支，“系统地描述世界上的客观存在物，即存在论”，后被引入计算机科学领域。关于本体的新意义，较被认可的是斯图德等人提出的“本体是共享概念模型的、明确的、形式化的规范说明”。

目前在医学、电子类等多个领域已进行了基于本体的语义网构建方法研究和实践，这在一定程度上为检索提供了本体语义资源基础，有关教育本体方面的实践也取得了一定成效。但具体到学科领域的本体研究比较少，而且往往选择某一简单本体进行建构，如刘春雷在《基于本体的教育领域学科知识建模方法研究》中构建了关于“元认知”主题的知识本体。这也表明了在学科本体领域的研究有待继续深入。借助本体中的概念与概念间的关系，人们可以直观地表示出知识点间的相互联系。将知识点及其关系用图视化的方式表示出来，并以此作为课程结构导航，一方面学习者可对课程知识一目了然，另一方面有助于学习者构建知识结构，最终达到高效学习的目的。本体在智慧学习系统开发中，不仅是学科知识库中重要的知识组织和建模方法，而且对于整个学科知识、学习资源及其相互间的本质关系等内容的构建也是至关重要的。任何一门学科都可以划分成不同层次的知识点，以这些知识点为中心组织各种学习资源，并建立知识点之间的关系，构建整个学习流程，可以较好地利用学习资源，将知识点灵活地组合成适应每个学习者需求的模块，满足个性化学习需求。尽管本体在教育领域的应用研究处于发展阶段，但现有的研究成果已经为人们提供了一些方法、经验和思路。不难想象，随着数据挖掘、机器学习等人工智能技术的不断推进，本体在教育中的应用会更有前景。

第三节　大学物理智慧学习系统的构建

为促使智慧学习发挥其优化学科知识架构、统筹规划教学资源、探索学生差异性等现实价值，人们在教育大数据背景下构建智慧学习系统模型时要严格遵循科学合理、稳定可靠、简便明了等原则性要求，具体可从框架规划、开发测试、规范搭建以及教学需求四个方面实现系统模型构建，从而保障系统模型科学有效、功能齐全，并能准确地达到智慧学习目标。

一、合理规划系统模型框架，保障智慧学习功能齐全

规划工作是一切活动开展的重要前提，科学合理的规划设计能够保障工作有

序进行。在教育大数据背景下,高校在构建智慧学习系统时,首要完成的工作应当是规划系统模型框架,以确保智慧学习系统体系完整、功能齐全。具体而言,在进行系统模型构建时要确保总体框架的完整性,主要包含网络层、应用层、物理层、用户层、逻辑层、虚拟资源层以及展现层等方面,以确保各层架构发挥自身功能。其中,网络层主要实现网络连接功能;应用层是为教师、学生等群体提供智慧学习应用服务;逻辑层是智慧学习系统的核心层,承担着资源管理与功能服务的重任;物理层是实现计算机等硬件设备的连接,此外为充分发挥教育大数据资源价值,系统模型框架可以在物理层融入Hadoop平台,进行大数据挖掘与处理等工作;虚拟资源层位于物理层与逻辑层之间,主要由网络资源池、存储资源池、数据资源池、计算资源池等部分组成,是保障系统资源的关键;用户层是为系统使用者提供接入平台;展现层位于应用层上,是将智慧学习系统可视化的关键,能够为用户提供各种展示端口,唯有实现上述各框架功能,才能保障智慧学习系统功能齐全。

二、有序安排平台开发测试,确保系统模型科学合理

有序安排平台开发测试是实现系统功能的重要保障,能够确保智慧学习系统在付诸实践时科学有效。因此,在教育大数据背景下进行智慧学习系统模型构建时,高校要有序安排平台开发测试工作,从而保障各项功能的科学性与有效性。第一,要明确系统模型的构建开发任务。智慧学习系统模型功能的实现均是基于教育大数据的挖掘与共享,因此高校在进行开发工作时,要注重引进大数据专业人才,通过发挥其数据梳理及编程技能,使系统模型构建时的教育数据资源能够得到有效的利用。此外,在开发系统时要采用多层次的运作模式实现不同功能,而各种功能在运用过程中会被反复操作,这就要求开发者使用组件来实现模块的重复调用。第二,必须进行系统模型测试工作。测试是在系统模型完成初步设计与开发后的必要环节,是在智慧学习平台正式面向师生用户前的准备工作。通过对不同模块的测试,能够发现系统模型设计是否能够提供全面的智慧学习服务、是否具有稳定可靠的运行能力以及是否有影响平台运行的错误或缺点等。因而,高校在构建系统模型时唯有经过反复测试,才能使智慧学习平台的性能达到最优。①

三、明确系统构建标准规范,规避模型搭建原则错误

标准是规范模型构建框架的关键。在教育大数据背景下,数据的内在价值会被无限放大,唯有明确智慧学习系统模型构建标准及规范,才能使系统运行遵循原则要求,达到预期目标。一方面,高校要在用户需求权限方面设定标准规范。智慧

①杨桂,邹春霞,李龙.通识教育教学改革研究与实践[M].重庆:重庆大学出版社,2021.

学习是一项面向高校全体师生的新项目,会涉及数量巨大的用户群体,也会产生海量的信息数据,明确的权限规范是保障系统模型安全可靠的根本。校园网络是高校组建的内网,具有较强的网络安全保障,当师生通过校园网进行智慧学习系统操作时,可以给予其较高的权限,如可以进行数据获取与导入等系统操作工作。而当用户通过外网等安全系数较低的网络进行智慧学习操作时,系统应当将权限降低,避免黑客或病毒通过网络入侵智慧学习系统。

另一方面,高校要在服务优化方面提出标准规范。智慧学习系统主要面向广大师生群体。因此,在进行系统模型服务功能优化时,高校要以师生便捷性与功能有效性为目标,设定相关的标准规范,避免系统模型开发出无实际用途的功能。

四、考察高校师生教育需求,明确学习系统开发目标

明确开发目标能够促使系统模型构建更加有效,各项工作更有针对性地开展,从而减少诸多麻烦。智慧学习系统的主体虽然是学生群体,但其仍需要面向教师队伍。因此,在教育大数据背景下,高校在构建智慧学习系统模型时需要深度考察师生双方的教育需求,从而明确学习系统的开发目标。从学生角度着手,高校应当探索学生对智慧学习的需求,明确智慧学习系统要能够实现准确认知学生自身学习特征及学科偏好的开发目标,从而为学生提供智慧学习内容,并指引学习方向。因此,智慧学习系统模型构建应当具有依托教育大数据分析的功能、基于项目反应理论的知识水平诊断功能、根据智能算法得出的学习路径推荐功能以及学习成果分析功能等。而从教师角度着手,教师是智慧学习的辅助者,要帮助学生养成良好学习习惯,提升学习成果。高校应为教师群体提供明确的导学辅助系统,促使其优化教育措施与导学方案。此外,还需从师生关系角度着手,师生之间有效的互动交流是保障教育引导发挥功能的根本,高校要以需求为基础,明确组建师生互动平台的目标,从而有效引导智慧学习系统模型的构建。

第八章　大学物理教学中对学生创新能力的培养研究

第一节　创新思维与创新能力

一、创新思维

(一)思维的基本分类:抽象思维和形象思维

人可以透过思维活动来了解客观世界的变化,而思考要达到这一作用,就必须有两个条件。

第一,外界的信息一定要在人的大脑呈现。表象是思维的物质,没有了表象,思维活动就无法进行。抽象的思维运用了语言概念和象征概念来进行思维,而具体的思维则利用了形象来进行思维。当我们讲"直角三角形的斜边平方等于两个直角边平方的和"这个命题时,是用直角三角形、斜边、平方、直角边等概念来思考的;而当我们说"地球是围绕太阳进行公转"时,在我们的脑海里,我们看到了地球绕着太阳自转的一幕。这两种思考方式,一个是概念,一个是表象。

第二,信息的表象具有可操作性。头脑中的形象并非固定不动,但可以用多种方法来处理,这种方法通常被称为"思维方式"。分析、综合、抽象、归纳、演绎是抽象思维的根本方法,而具体思考的方法则是分解、组合、类比、概括、联想和想象等。

事物是复杂的,我们要认识它的本质,抓住事物间的联系,往往需要综合运用多种思维方法。以形象思维为例,比如解一道几何题,面对一个复杂的图形,首先要能看出是由哪些基本图形构成(对图形的分解),进而找出这些基本图形的种种联系,如相似、相等、相切等(对图形的类比),把它们在头脑中重新组合(图形的组合),再通过联想、想象找到解题的途径,最后加以证明。可见,在解决问题时,已经将形象思维的分解、组合、类比、联想、想象等多种方法结合起来,而且抽象思维(逻辑证明)结合起来了。所以,思维的可操作性的含义包含思维具有一整套科学的思维方法。

外在信息是无比丰富的,它在人的头脑中的表象也应该十分丰富。无疑,人们运用的语言(文字)是非常丰富的,由于语言的可分离性和可组织性,还可以按一定语言规则组成无比丰富的语言单位,形成概念系统,使人们思考时能深入人类认识的各个领域。表象也是这样,凡是有形之物,都能在头脑中产生它的表象,加上对表象的分解、组合和类比,可获得非常丰富的表象系列,人们用表象来思考,可以生动地深入形形色色的大千世界。

由此可见,完全具备上述两种属性的思维,只有两种思维,一种是抽象思维,另一种是形象思维,都有其根据和价值。但是从思维本质来说,这些分类出来的思维不具备独立思维的基本属性,它们是由两种基本思维派生出来的。我们弄清楚思维的源与流的关系,有利于我们对思维做深层次的理解和研究,有利于我们在教育中对学生思维的培养与训练,同时也有助于我们认识到创新的本质。①

创造性是一种各种心理素质和技能的综合。在不同的创新领域中,人才的组成是不同的。在科学家与工程师的技术革新之间,也就是科学家的理论成果与工程师的技术创造的差异。从创造性的角度来看,最主要的心理品质与能力是:第一,创造性,是指在创造性活动中具有较高的工作激情与自信,具有独立的思维和探索精神;第二,创意是创意活动中的核心思想;第三,实践和实际操作,都是可以总结的,创意是在实践中形成的。只有通过实际操作,既有稳定的工作又有很好的技术,才能使创意变为现实。这种卓越的创造力并非凭空产生,而是基于扎实的知识和全面的技能。创造性是指在人类的认知活动中,创造出具有创造性的、有意义的、有价值的结果;这是一种高层次能力的体现,是创新思维的结果。

(二)创新思维的特征及定义特点

创新思维是一种新颖的、灵活的、有机的思维过程。

1.创新思维的特征

创新思维是一项复杂而精细的思维活动,对上述的定义还需做具体的说明。

(1)新颖性

思维的新奇就是思维的新成果、新产品、新作品、新理论、新方案(管理、实验)、新工艺和新方法。这些研究成果是前所未有的,而且是第一次,无论是在实践上还是在理论上都是如此。新颖可以体现在产品的所有方面,如形式,结构和功能。现在,新技术的发展速度很快,新的产品也会很快被新的技术所替代。我们所谓的"新鲜感",就是指学生在回答问题、做实验或者发明科技时,不是按照教师的教诲,也不是从课本里学来的,而是自己思考出来的新办法。比如,在数学课上寻求新的解决办法,在写作课上写出更好的新文章,在实验课上尝试新的实验,在课外团体

①张雪敏,蓝永康.大学物理实验指导书[M].西安:西安交通大学出版社,2022.

活动中创作新的模型、雕像和其他的作品。

(2)灵活性

灵活的特征是多角度、多方向地思考以及思维的变通性、发散性、跳跃性等。

多角度、多方向:①能够从不同的角度,不同的方向,不同的途径寻找不同的可能;②能够快速地完成思维的转变,由积极的思维转变为反向的思维,从一种心理操作到另一种不同的心理操作;③运用语言、文字、图片等各种形式来表达自己的观点;④设法把无关的事情联系起来。

变通性:①突破固有的思维方式;②有能力提出异议或问题的解决方案;③富有曲折变化的思想;④扩展问题的时间和空间要素。

发散性:①有许多选择或可能的导引发散;②提出了很多想法和问题的解决方案;③从不同的角度去寻找事物的意义、作用。

跳跃性:①对问题不确定的地方有敏锐的洞察力,对问题的后果有直接的预感;②可以在感官和真实之间(时间和空间)之外;③能从一件东西跳到另一件,使同一元素与另一件事有关联。

抽象思维具有广泛的灵活性。人们对抽象思维的规律已有充分的研究,辩证法就是思维灵活性的规律。我们要学习辩证法规律,发展思维的灵活性。抽象思维具有发散性、变通性、跳跃性。

在创新过程中,形象思维最具灵活性。关于这一点,可用直觉、联想、想象来说明。

直觉。逻辑是证明的工具,直觉是发现的工具。大自然的奥秘有的隐蔽很深,事物间的关系有的盘根错节,创造性的突破通常是发现隐蔽关系的结果。这里并不完全是必然逻辑的路子。直觉有利于揭开创造过程中的隐蔽部分,因为直觉思维没有严格的步骤和规定,可以“跳过”思维的某些阶段。这种直觉来自对这类问题长期观察、研究的积累。丰富的表象积累,彼此会互相影响,重新组合。每一条记忆轨迹都会被另一条记忆线所干扰。所以,重复试验同一种物理现象,会创造出新的印记,这种印记并不只是重新加强原有的印记,而是不断地修正以后的产物。这种重新组合,许多反应都是自动完成的。在长期思索中,正是这种重新组合,在某些诱发、启示下,令思考者豁然开朗,并解决问题。

联想。联想一般分为接近联想、类比联想、对比联想、自由联想等,它是创新思维中一个重要的思维方法。世界上各种事物是按网状结构、以多维的(平面的、立体的)方式呈现在人们面前的。这种关系是多方面的,也是非常复杂的。在仅使用逻辑推理的情况下,采用线性法去研究、发现这些联系,那是远远不够的。而联想的方法为我们提供了发现这种多维度的、发散性的事物种种联系的一个十分重要的方法。

想象。想象结合了各种隐喻的思维方式(分解、组合、类比、联想),是通过表象的改造,在已有表象基础上创造新的形象。它是最具创造性的一种思维方法,是科学、文学、艺术、设计、体育和任何有创意的活动。人们的创新活动必须善于不断地把自己的想法、见解或设计用形象化方法(如绘图、动手制作)重新组合成不同的形式,从中产生新颖的组合。

在想象力的重要性方面,想象力要超过知识,因为其是一个有限的概念,其包含世界的所有事物,是推动发展的动力,也是知识演化的源头。从理论上讲,想象力是科学研究中的实在因素。

(3)两种思维的有机结合

两种思维(抽象思维、形象思维)各自有一整套思维方法。如果每种思维各取一种方法进行结合,则有五六十种结合形式,如果取两种方法再结合起来,则有两千多种结合形式。可见两种思维结合是多种多样、非常灵活的。不过我们认为其中有主要的、基本的组合形式,这就是:第一,将观察和分析结合起来;第二,把想象和分析结合起来;第三,直观与辩证相结合;第四,将假定和试验(分析)结合起来;第五,将分散和会聚结合起来;第六,设计与实验分析相结合;第七,设计与制作相结合。

2.创新思维定义的特点

从基本思维的范畴来考察创新思维,进而了解创新思维,从而获得一个比较全面的、可操作性强的概念。

(1)全面性

创新思维是将形象思维与抽象思维有机地结合在一起的一种活动。“新颖性”指的是思维的结果和成品,而“灵活性”是指思维活动的特征(多维度、分歧性、适应性和跳跃性)。“两种思维有机结合”是对思维的类型、方法来说的,它包含各种思维的方法和方式,因此,对思维的界定较为全面。

(2)可操作性

创新思维的可操作性,可以从两个方面来讲。

第一,思维层次。思维最根本的特征就是可以运作。所以,创新思维就是要有这样的能力:思维的敏捷(如直觉)、思维的灵活(如想象力)、思维的深度(如概括、分析)、综合等。

第二,思维活跃度。创意思维训练可以把能力训练和问题解决训练结合起来。

能力体现在不同的、发展的和高质量的学习活动中。通过课堂上的学科教学和外部的多种能力的培养,为学生的创新思维提供了广阔的发展空间。教学中的各类问题解答练习(运用问题)是一种培养学生创新思维的方法,即采用问题情境-提出问题-分析问题-解决问题的教学模式,是一种探究式或发现式的教学模式,是可操作性的、深入的,是培养一种很有创意的思维方式。

创新思维的可操作性,可以将其与兴趣生成、能力培养、问题解决等活动有机地结合起来,促进学生的创造力发展。

(三)大学生的思维特点

大学阶段是培养学生创新思维的关键时期。据了解,这个阶段的学生身体和心理发育都比较快,比较成熟,有较强的自主思维和决断能力,具有较强的好奇心和求知欲,具有较强的想象力。但是,在此阶段,学生的思考方式和问题的解决方法尚未形成,因此他们的灵活性很强。

在此阶段,创新思维的发展是不均衡的,因人而异,但是每个学生都具有发展创新思维的潜能。

(四)大学生的思维发展特点

思维是人类大脑对客观世界的普遍和间接的反映,是一系列事物的共性与基本属性,同时也是事物间的内在关系,属于理性认识。

创新思维是基于普通思维的各种思维方式的结合,具有以下特征:创新思维是一种发散式思考与集中式思考相结合的思维方式,经常是直觉思维,经常是创意的想象力,经常有灵感的出现。

在解决问题时,普遍的方法是,先用分散的思想去寻找各种方法,再把注意力放到最好的办法上。在创新思维中,集中思考与扩展思考是非常关键的,而分散思考则更能帮助我们找到更多的、更新的问题答案。直观思考的产生证明了正面的创造性思考。直觉思维通常包括猜测、跳跃、压缩的思维过程,很多的发明都是从直观的思考中产生的。创意思考要求有创意的想象力。富有想象力的思考能把已有的体验整合到更高的水平,从而创造出更好的效果。当新的问题被解决时,会有新的点子和解决办法,从而产生一个清楚的思维——灵感。这是一个思想家在漫长的时间里,不断地积累和思考的成果。

大学阶段的学生不再需要大量的实践来进行理论上的抽象逻辑思考。他们的经验思考能力发展到了一个很高的层次,他们可以很好地辨别出被观察到的东西和现象之间的逻辑联系。正规逻辑思维也在很大程度上发展并支配着人们的思考。他们可以用自己的思想去分析各种需要感知、判断和推理的事物,从而找到矛盾的特点，并作出新的总结。他们可以对事物、现象和相互依赖的性质进行深入思考，并将自己所掌握的资料与新的资料进行对比，以理论为依据进行科学的分析和综合。他们的判断力由绝对性转变为假定，他们会变得积极、有想象力，大胆地去推测、去假定、去思考。他们可以预先制订研究计划、实施计划和研究战略，然后再去解决问题。他们还可以对工作进行反省，并且愿意继续提高。随着年龄的增长，学生的抽象思维能力、概念思维能力逐步趋于成熟，思维各要素趋于稳定，并趋于成熟。创新思维的流畅度和适应性没有显著改变，但是，在被视为最具有挑战性的创新能力上，高水平的学生表现出了逐步提高的趋势。大学生的创新思维结构日趋完善，求同与求异相结合。研究显示，在创造性地解决问题时，两者之间的关系始终紧密相连。同时，学生的思维能力也得到了极大的改善。他们可以用不同的方式来处理问题，并且可以进行更多的迁移，在原创性、独立分析、问题解决和独立思考的能力上，都得到了显著的改善。

总之，从大学生思维发展的特征来看，大学生具有很强的创造力和对新鲜事物的渴望，他们具有观察、分析和逻辑思维等特定的技能。但是这种能力还不完善，还有待教师的引导与培养。另外，尽管这一阶段的学生自尊心很强，但是他们对挫折的容忍程度还不够高，因此他们要避免接连犯错，而在教学中应注重培养学生创新思维的策略与方式，以保证其始终具有开拓创新的精神，并不断提升其创新思维能力。

二、创新能力构成

（一）全面发展思维

世界上的一切事物都有其发展的过程，人也不例外。不仅人的思想、技能、能力有其发展的过程，人的创造性、情感、意志、人格也是发展的，教育的本质就是促进人的全面发展。下面从创新能力组成的基本因素——思维、知识、能力、意志、个性，研究它的发展与构成。

抽象思维与形象思维是两种基本的思维方式，它们都具有普遍意义。创新思维是创新活动中两种思维灵活的、综合的最佳结合，是创新能力的核心。因此，培养创新能力要全面发展思维，即两种思维都要发展。

1.学科教学是思维全面发展的沃土

在教学中，不同学科的思维发展各有特点，物理学科知识来自科学实验和生产实践，要理论结合实际。

在实践与观察中，主要用形象思维，而对客观事物的性质、结构、状态的分析与研究，主要用抽象思维。

学科教学中思维的发展是丰富的、全面的，两种思维相结合的形式是多种多样的，如物理的实验观察与分析相结合以及艺术学科的想象与直觉相结合等。学科中这种思维发展的全面性和两种思维相结合的多样性，是发展创新思维的沃土。

2. 全面发展思维，要以发展形象思维为突破口

在创造过程中，人们通过联想、想象，超越感觉的、现实的和时空的局限，探索、寻找未知的事物；人们通过假设、直觉突破思维的障碍，架起经验到理论的桥梁，获取创造的成果；人们通过两种思维灵活地结合，解决了一个又一个单一思维（抽象思维）长期未能解决的重大问题。形象思维成为创新（创造）过程中最活跃、最关键的因素。

在人类思维发展史中，首先发展的是形象思维。史前时代的发明创造都靠形象思维。例如，语言就是形象思维创造的产物。语言的产生有两个条件：一是要有足够的词汇（口头的、文字的）；二是要有一种约定俗成的普遍语法。其中每一个词、每一项语法，都是我们的先民创造出来的。从手势、表情到口语，从口语到文字（象形文字），经历了几万年甚至几十万年，这个创造过程是由形象思维完成的。

形象思维这么重要，人们为什么不知道呢？其原因就在于形象思维是非语言的。正因为形象思维的非语言性，人类才创造了语言文字，用语言文字来表达思维。而当人们有了语言文字以后，却只知道语言文字而不知道形象思维了。

人可以用语言（概念）来思维，也可以用非语言的表象来思维，打破了历史的禁锢，开启了思维的发展从单一的、片面的思维（抽象思维）走向思维的全面发展。形象思维是重要的，形象思维长期不被人们所了解，这就是为什么全面发展思维要把发展形象思维作为突破口。

3. 学会独立思考，做自觉思维的人

创新是新颖的、首创的，创造了前所未有的事物，要创新就要想别人没有想过的问题，做别人未曾做过的事，走别人没有走过的路，所以，要学会独立思考。

客观世界的发展和变化是无穷无尽的，一些问题解决了，更多的问题又呈现在人们的眼前，需要我们去研究、探索和解决。这就要有新思维、新思路、新方法，要会独立思考，创造性地解决问题。

人类在漫长的历史进程中，思维随着生产劳动的发展而发展。在这上百万年的历史时间中，人们只知道生产劳动而不知道生产对思维的影响，头脑中的思维活动是不自觉的。这种思维不自觉的现象，至今仍然相当普遍地存在。比如，在学习过程中，同是听讲或阅读，有的理解得深，有的理解得浅，读书不求甚解；同是解题，

有的只能套套公式，只有一种解法，有的则有多种解法；同是观察，有的仔细、深入、全面，有的粗枝大叶、熟视无睹。这些学习质量的差别，就是由于有的人思维不自觉、不到位。

由此可见，要会独立思考，就必须在学科教学过程中，根据学科思维特点，有目的地进行思维训练，培养学生主动地、自觉地进行思维，促进思维的全面发展。

（二）丰富的知识积累

知识是人类在认识和改造世界的漫长过程中获得的知识和经验的总和。它是人类创造物质文明和精神文明经验的历史积累，也是当代一切发明创造的源泉。知识的积累要处理好以下两个关系。

第一，要处理好博与专的关系。当今世界，科学技术日新月异，新学科不断涌现，知识呈现出两大趋势。一方面，学科门类越来越多，越来越细；另一方面，学科交叉、文理渗透，自然科学与人文学科相互交融。因此，我们不能只看到知识分工、专门化这一面，更要看到知识的纵横交错、彼此融会、互相联系、互相促进这一面。学习要先有宽厚的基础而后才有专深，把博学与专深正确地结合起来。

第二，要处理好间接经验和直接经验的关系。既要重视历史的经验积累（间接经验），相反，重要的是要强调日常直接经验的积累。预计学生将主要从间接经验中学习，又要重视直接经验，重视实践。

（三）创新精神

人要有点胆量。要进行一项创新的活动，就必须具有创造性。创新意识是指个人在创造过程中所具有的各种相对稳定的心理品质，是创造能力的推动力和精神支柱。这包括了解创新活动、相信创新活动的前景和目的、创造活动的激情、战胜各种困难的坚持不懈、不断地探索与向前。

1.信心

对创新进程的自信来自个体在创造活动方面的大量知识和经历，以及对科学问题的理性认识。所以，信心是一种实事求是的科学态度，既不是人云亦云，也不是盲目蛮干。自信是革新的前提。没有自信，就不会有创新，自信并非一朝一夕之功，其需要长期的训练与锻炼。培养学生对学习活动的自信非常重要，在平时的教学活动中，教师要注意学生的表现和进步，并经常鼓励他们，使他们认识到自己的进步和智慧的强大。

2.勤奋

富有创造性的人工作起来很有激情，也很努力。当提到发明时，很多人都会把注意力集中在发明家身上，认为他们天生就有这种才能。心理学相信，人类的天赋仅仅是身体和解剖的一部分(如大脑的神经系统),而一个人的天资和创造性取决于他/她在某种社会生活状况(如教育、家庭、社会等)中的主观努力。任何领域的发明和创新,不管是古代的,还是近代的,都是基于长期的乃至一生的努力与研究。没有99%的努力与累积,是无法产生灵感来源的。灵感来自丰富的积累,灵感是勤奋的回报。

学习是一种艰苦的脑力劳动,要从小培养学生学习的热情,一丝不苟的认真态度和不怕困难、百折不挠的精神。

3.善问

为了满足人的物质生活和精神生活的需求,人们不断地深入探索自然,产生各种发明创造,推动着生产的发展和社会的进步。这种探索、发明创造是没有止境的。它遵循唯物主义的认识运动:实践—认识—再实践—再认识。这个过程具体来说,就是实践—发现问题—提出问题、假设—探索、实践—结果(结论)—再实践-再发现问题……

很明显,为了发现和创新,必须善于发现问题和提出问题。如果不能找到问题,提不出问题,哪有创新可言?事物总是发展变化的,新的事物、新的问题层出不穷,其需要用敏锐的科学眼光去发现它,有合理的怀疑并提出问题。

现在的大学物理教学以讲授为主,让学生回答教师提出的问题,或从教材中提出问题,这对于学生理解知识、巩固知识是必要的。这只是学习认知运动的一个方面,还有另一个方面,培养学生善于发现问题,提出问题,独立思考,对于培养创新精神来说,是更重要的一个方面。教师应该在课堂上营造一种民主氛围,鼓励学生勇于提出问题,开展不同观点的讨论。教材中的练习体系也应改革,把提出问题、编写问题作为学生应做的练习。

(四)探索

人们探索求知的精神,是科学技术赖以产生、发展的精神力量。日出日落,花开花谢,从基本粒子到宇宙星系,大自然绚丽多彩、千变万化的现象,隐藏着多少奥秘。它激发了人们的好奇心和探索其中奥秘的欲望,吸引着无数科学家、工程技术人员为它献出毕生的精力。一部科技史,是人们探索自然的历史。学生要学点科技史,以吸取人类探索自然的精神力量。

没有任何现成的解决办法或者答案——去做其他人没有做到的事情,去解决其他人没有解决的问题,而这些问题只有在探索中才能得到。

(五)实践能力与动手能力

1.实践能力的重要性

在辩证唯物主义认识论的基础上,人类的认知活动首先是由感性向理性的发展。外界的信息透过感觉传递至心,借由心,我们认识事物的本质与内部规律,也就是达到理性的认识。但是,如果我们仅仅掌握了理智的知识,那么我们就已经取得了一半的成就。而在马克思主义哲学中,这只是其中的一小部分。马克思哲学认为,认识和理解客观世界的法则并由此加以解释,而在于我们运用这些法则,动态地改变这些法则。所以,由理智认识到实践的第二个认知过程更加重要。学生的学习是一项特别的认知活动,学生通过观察、阅读和听讲,由感觉到理性,认识和把握学习的内容,并通过练习、答疑、实验、制作、调查、研究和各种交际活动,使学生学会各种实际技能,如阅读、写作、计算、操作和对话。知识的基本目标是运用知识,尤其是对知识的创造性运用。其中,知识运用与多种实际操作能力的培养是其中较为关键的一个环节。让我们再次将科技研发与技术创新的过程分解为基础、应用、发展。从基础研究转向发展研究,是人们认识中的一个重要趋势。基本研究是对客观事物的认识和发现规律,是一种科学的认知过程。应用与发展研究是运用科学的方法来解决问题,对客观的世界进行改造,是一种社会实践。

2.动手与动脑

人类的社会实践活动是多种多样的,在现实的社会生活中,社会人与人的关系是密切相关的。生产实践活动、社会政治生活、科学艺术活动,而人的生产活动是最基础的实践活动。所以,在不同的实际操作中,手工操作是一项基本的操作技能。动手能力是一种运用自己的双手和工具,按照特定的目标,对物体的状态、形状、结构、功能进行改造的一种实用能力,包括生产、实验、建筑、雕塑、种植等。

用手和用脑是互相促进的。精细的动作有助于人们对细节的思考,而对于细节的思考则是对手的精练。因为形象思维是非言语的,所以,在经验的过程中,人们的思想活动可以不自觉地进行。因此,人们容易忽视思维的作用,只注意动手训练,而忽视动脑的训练,不善于把动手训练与思维训练结合起来。那么,动手过程中如何有目的地发展思维呢?

第一,深入细致地观察。人有目的、有计划深入细致地观察是一种思维活动。从四面八方的角度去捕捉和把握对象的特性,使其达到精细的目的。

第二,把经验类化。人们在种种操作过程中,积累了丰富的经验(表象),要使这些表象不是杂乱无章的堆积,就要运用类比的思维方法。要善于把制作的成果与目标比较,把现在的成果与过去的比较,把自己的与他人的比较,把这一类与另一类相比较等。这种类比有无意的、不自觉的,更多的是有目的的、自觉的比较。例如,有的人自觉地强化记忆,有的人建立分类档案,有的人进行个案研究等。经过类比思维活动,头脑中的表象是分门别类的,形成了类化的经验。这种类化了的经验,如同概括化了的知识一样,能产生迁移。越是基本的类型,越能产生广泛的迁移。这就是通常所说的"触类旁通""熟能生巧"。

第三,展开想象,进行创新。有了丰富的类化的经验,形象思维就会得到发展。这时如果能根据需要,开展联想与想象,对已有的经验(表象)进行加工改造,人们就能创新,创造出各种新颖的、有价值的成果(产品)来。

因此,通过观察、类比、想象、创新的思维活动,就能达到"心灵手巧"的境地。

(六)个性发展

1.基础认识

我们阐述了创新意识、创新思维和实践能力,就创新能力来说,基本问题讲清楚了。但是对于学校教育,从培养角度来说,只是讲了问题的一半,要使创新能力的培养落实到每个人,要发展每一个学生的创造潜能,还有一个重要问题,就是个性发展。

心理学通常把个性理解为一个人的整个心理面貌,即具有一定倾向的各种心理特征的总和。每个人都由自己的独特的个性倾向和心理特征所组成,世界上没有两个个性完全相同的人。共同生活的一家人中,即使是双胞胎,每个人的个性也是有差异的,因为个性是在许多因素(社会的、家庭的、学校的以及先天的)影响下发展起来的,这些因素对人的影响是不相同的。那么,是不是只有差异而无相同之处呢?当然不是,个性作为整个心理面貌,既有与别人相同的一面,即共性,又有不同的一面,即差异性。一般与个别是辩证的统一。一般不能脱离个别而存在,个别又总是同一般相联结;一般(共性)是事物中共同本质的东西,而个别(个性)由于它的差异性、多样性,比共性生动、丰富。青少年在发展过程中,每个人的德、智、体、美、劳都要发展,这是共性,是最本质的东西,但是在发展中又显现差异性和无比的丰富性。以智育来说,有的擅长理科,有的擅长文科,在理科中,有的喜欢数学,有的喜欢物理;以美育来说,有的爱好音乐,有的爱好美术;以体育来说,也有对田径、体操、球类的不同爱好,这就是差异性,所以个性是共性和差异性的统一。

既然个性是共性和差异性的辩证统一,教育的任务,就是既要发展共性的东西,又要在全面发展基础上发展每个学生的爱好、特长。全面发展与发展个性特长,二者是不矛盾的,而是相辅相成、互相促进的。这就是全面发展与因材施教的原则,有的学校提出"全面发展,学有特色"的教育目标就是这个意思。

2.兴趣、特长与创新能力培养

兴趣、特长(特殊能力)、创造力是个性的重要特征。兴趣是认识需要的情绪表现。广泛而多样的兴趣是个性全面发展的前提。多才多艺的人,兴趣广泛而多样,他们精力充沛,生活丰富,注意力集中,不断吸取各种知识。古今中外,有不少对人类有重大贡献的杰出人才都有广泛而多样的兴趣。例如,郭沫若既是科学家又是诗人、历史学家、戏剧作家、考古学家、书法家。因此,兴趣作为非智力因素,在促进学生个性的全面发展中起着十分重要的作用。

人的长处和天资通常是从兴趣开始,然后由固定的爱好发展成能力。兴趣的稳定是一种持久的、较强的兴趣,这是个性发展的一个主要特点。在心理学上,对事物的稳定感是一种证明,其可以证明一个人的能力。

要想提升全民族的创造力,就必须增强国民的创造力。我们虽然不能让每一个人都有创意,但是每个人都有能力去做,每个人都能更好地适应特定的工作。所以,我们认为,通过教育,可以发展个人的优势,并让其创造力得以充分发挥。学校教育要从课堂和课外活动中发掘和发展学生的兴趣爱好和个人专长,并运用研究、探索、实践等多种方式,使学生的专业能力和创造力得到进一步的发展。这表明,兴趣爱好、个人专长和创造力,是学校在全面发展教育的基础上发展创新能力的重要途径。

第二节　大学物理教学培养学生创新能力的必要性

一、物理学在培养学生创新能力方面的独特作用

(一)物理学的发展史对培养学生创新能力的作用

物理学的整体发展史是一个不断革新的过程。从亚里士多德时期开始,到牛顿时期的经典力学,再到现在的相对论、量子力学,无不彰显着物理学家的创造力和创新精神。大学物理教学不仅要教授物理知识,还要培养物理工作者的创新意识和创造力,以激发他们的创造力。物理学中很多重大规律的发现来自几代物理学家卓越的创造力。比如,当讨论到牛顿第一定律、欧姆定律、焦耳定律等科学上的重要结论时,就会着重指出物理学家是怎样找到定律,并向人们展示他们的发明过程,以此激发学生们的创造力。

(二)物理学本身的特点

1.物理学是一门观察、实验和物理思维相结合的科学

观察是研究自然现象的最好方法,因为这些现象是自然产生的。观察能引起物理思考的现象叫作物理观察。在日常生活中,我们经常会碰到许多的物理现象,比如,汽车突然停下来,一个人被甩到了汽车的旁边,或是雨后的天空中出现了一道漂亮的彩虹。如果观察者看到这种情况,马上就会产生这样的想法:“为什么当汽车停下时,人们的身体会向前倾斜?为什么在下雨之后会有一道彩虹在天上?”这个观测是一种物理观察。物理实验是一种对环境的可操作性的认知行为,其强调了对物理现象的发生、发展和变化的控制,使人们能够更好地进行观测和获得数据。在物理教学中,学生通过观察和实验来了解物理。在学生的基础知识积累、初步观察、分析、归纳的基础上,必然要解决物理现象的解释、物理过程的分析、习题的解答、仪器的运用。所以,有些创新能力会在问题的解决中得以发展。

2.物理学是一门基础学科

物理学是研究关于物质运动、物质基础和物质相互作用的最普遍的法则。其不但为其他学科奠定了坚实的基础,更重要的是,物理学所揭示的时空与物质的关系,以及它们之间的相互关系、对应关系,对人类的哲学思想产生了深远的影响。而物理学又是一个应用学科的基石。比如,电气工程、无线电波、微波,都是建立在电磁场的基础上的。没有对最根本、最普遍的物质运动的法则进行研究,是无法进行高等形式运动研究的。物质的生命活动总是建立在机械、热、电磁等方面。没有机械、热、电磁等的运动,也是无法揭开生命运动之谜的。因此,物理学应该是一个有着广阔的技术应用前景和创新性的科学。物理教学中所蕴含的创造性教学内容十分丰富,是一种很好地培养学生创新思维的方法。①

二、大学物理教学中培养学生创新能力的优势

(一)物理是一门起始学科

物理学作为大学的起始学科,在大学里,很多物理现象都会引起大学生的兴趣。兴趣是一种对某一事物的认识与探究的心理趋势,其是一种非智力的学习要素,但又是一种内在的驱动力,促使人们不断地追求知识。在教育心理学中,动机是最重要的,而对学习的兴趣则是最重要的动力。所以,在大学物理教育中,我们必须从学生的兴趣入手,不断地激发他们的兴趣,并将不同的教学方法有机地结合在一起,最终使他们的创造力得到发展。大学物理教科书的目的就是让学生了解

①张璐,张乐.简明大学物理[M].上海:同济大学出版社,2022.

一些简单的物理现象,了解一些基本的物理,然后让他们去学习更抽象的力学和电学。

(二)物理学在教学中处于基础而重要的地位

随着科技的发展,学科的不断完善,物理在工业、农业生产中的地位日益重要,物理知识以其旺盛的生命力渗入生产的每一个方面,技术的进步使它的渗入更深。所以,要在今后的工作中找到一些有用的东西,解决一些物理问题,并在工作中获得成功,都离不开对物理学的了解。物理学是生物、化学等学科的基础课,学生若没有一定的物理知识和一定的创新意识,就很难在高等学科领域获得成功。学生必须掌握一定的物理基础知识,并具有相应的创新能力,才能顺利地进行一些学科的深入研究。

三、大学物理教学中培养学生创新能力的制约因素

(一)学校因素

作为学生的直接教育场所,学校必须营造一个有利于创新的环境与氛围。在培养大学生创新思维和创新能力的过程中,学校在教育目标、教学方法、教学氛围、教学管理体系等方面发挥着重要的作用。在传统的学校教育中,学生学习的目标是传授知识,而在这种以测试为主导的价值观下,教师难以培养学生的创造性。孔子在中国历史上提出了"仁者为师",但真正规范学校师生关系的理念却是"师道尊严",即在教育、教学中对教师权威的过分服从,刻意强调教师在教学中的作用和过程,而忽略了学生的过程和角色,教师们对学生的质疑多于对学生的提问。教师们也更习惯自己提出问题,而非学生提出问题,他们往往采用预设的方法,并不会因学生的实际状况而进行灵活的安排。在班级管理中,教师习惯于命令、监督,但缺乏对学生的主动参与和自我管理的习惯。因为长时间处在消极的氛围中,很多学生的自信心不足,在很长一段时间内都会影响他们的创新能力。

(二)社会因素

社会是影响大学生创新能力发展的宏观环境,全社会都要营造一种与时代特点相适应的人才培养环境与支撑机制,并推动创新与舆论引导。第一,要加强人才的创造性发展,必须在教育领域加大资金投入。只有智慧还不够,还必须有一定的资金,良好的工作条件,以及创造一个创新的环境。第二,要充分发挥公众舆论的作用,引导全社会正确认识人才,在知识创新、科技创新等方面营造良好的社会环境。只有这种有利于创新的社会环境,才能激发学生对知识的渴望、对创新的兴趣,以及促进新思想的形成。与此同时,我们还必须通过政策和法律来鼓励人们对

创新的热情,并保护他们的创造性。在人才问题上,要鼓励、扶持有才能的人出现,这是顺应人才成长的规律。

(三)家庭因素

家庭是一个不能逃避和选择的场所,其对学生的创造性发展具有深远而广泛的影响。良好的家庭环境对学生的创造性发展起着至关重要的作用。促进创新的家庭环境,其特征是其教育目的与家庭成员之间的关系。与家长的关系很好,可以激发他们的新创意,让他们变得与众不同,尤其是学生充满了好奇心,很适合进行创造性活动。

四、大学物理教学中培养学生创新能力的紧迫性

近年来,教育的改革取得了长足的进步,但是,在学校教育中,尤其是在教室里,强调的是书面知识,而忽视了实际操作;重视学习成果而忽视学习过程;强调间接的知识而忽视了直接的体验。偏重师资培养、轻学生探究等长期以来的问题依然没有得到有效解决,主要是因为传统的教育理念的影响,比如注重成绩而忽视了学习过程。在教育方面,讲授书本知识,忽视实际操作;重视学习成果而忽视学习过程;强调间接知识而忽视直接体验;教学中注重教师的引导,而忽视了学生的探索;偏重考试分数,忽视综合素质的培养等问题仍然存在。这不仅使学生的学习积极性降低、学习负担加重,还会对提高学生素质、全面贯彻教育政策、培养创新型人才等产生重要的影响。传统的教育观念、教育模式、教育引导系统无法有效地促进学生的创造性发展。在21世纪,我们迎来了一个知识经济时代。知识经济是以知识和信息为基础,进行生产、传播和利用的一种经济形式。知识经济的出现,标志着人类社会的大规模工业化时代已经走到了尽头,我们将步入以知识、资讯为主的知识经济时代,而以创新为核心的新经济模式,必将对传统的教育理念产生巨大的变革。

五、创新能力的培养要点

(一)对思维进行创造性培养

要培养学生的创新思维,就必须在教材上进行改革,与时俱进。在物理教学中,物理教学依然是学生获得物理知识的重要途径,因此,在教学中,教师可以充分发挥课堂教学的作用,并定期开展物理教学活动。通过丰富有趣的物理实验,提升学生的经验与思考能力,进而促进学生的创新思维。

(二)有关创新能力的培养

大学物理教师的创新思维能力的培养离不开教师的教学方式。在当今科技日

新月异的社会，教师应适时地引入新的教学仪器，不断地改进实验环境，不断地丰富和充实物理实验的内容，使课堂上的教学与体验变得更有效率、更有意义。创造性的教学方法能够使学生从长期来看，创造性地思考，从而使他们的学习动力得到增强。

第三节　大学物理教学中培养学生创新能力的途径

一、营造和谐的教学氛围是培养学生创新能力的首要途径

（一）用全新的教育观念指导教学

作为创造性教育的组织者、领导者和实践者，教师应正确地理解和抛弃陈旧的教育观念，树立正确的教学理念。在知识经济与社会发展的要求下，创新教育对培养创新型人才具有重要意义。当务之急是全面推行素质教育，培养创新型人才。因此，要转变以传授知识为目的的教学观念，确立现代教学观念。培养学生的创新思维是教学的根本目的。要根据学生的身心发展规律，切实尊重学生的主体性，精心设计、创造和谐的创造环境，让学生在创造过程中发挥最大的创造力。

（二）建立和谐的师生关系，激励学生积极参与

教师容易教、学生快乐学，是教师和学生的共同愿望和理想。但是，很多教师都相信，教师的权威是不可撼动的，这是因为传统的教学观念对教师的教学理念造成了影响，认为对教师只能尊敬。就算他们做得不对，也不能公然向他们提出质疑。教师道德观的偏差，教师与学生之间的不平等，造成了课堂氛围的僵化和凝重。这种压力不但会使教师的教学质量下降，还会使他们的学习动机减弱，从而影响他们的创造力。因此，教师应抛弃权威观念，与学生建立良好的师生关系，创造一种轻松、愉悦的课堂气氛，鼓励学生积极主动、勇于创新，充分发挥学生的积极性和创造性。

只有学生有了疑惑，他们才会加入进来，去思考、去探究、去发现、去创造。在课堂上，就算学生的问题很幼稚、很荒谬，甚至是错误的，教师也不能随便用“不对”“你错了”“没有道理”之类的话来评价，更不能训斥和嘲讽。同时，要积极地进行激励与指导，只有对学生给予充分的信任与尊敬，才能使他们有好奇心、有创造力的精神。任何时候，教师都应该尽力去赞扬、肯定、欣赏学生，即使是一点点地改进和革新。课堂教学中运用此教学法，有利于激发学生的学习积极性、主动性，培养学

生的创造性。

也就是说,要构建一个和谐的师生关系,教师要认识到自己在课堂教学中所扮演的角色改变。从简单的知识到教授学生如何获得知识;从解释到启发;从“教师权威”到“师生民主”;从尊重学生的个性,平等对待每一个学生,营造积极民主和谐的课堂气氛,使他们成为一个学习的目标。必须对学生的角色给予充分的肯定,教师要通过自身的创新意识、创新思维来影响和培养学生的创新意识和创新能力,形成一种良好的创新环境,促进学生创新思维的形成。①

二、抓住课堂主渠道是培养学生创新能力的有效途径

(一)创设情境,激发兴趣,培养学生的创新意识

兴趣是一种非智力的心理因素,其对人的智力和其他的实践活动都有正面的影响。兴趣是激发学生思考能力和积极学习的重要因素,是激发学生的积极性、自觉性和创造性的内在驱动力。可见,兴趣是创新思维活动的先驱。任何一个人的创新思维活动的结果,都是在对所研究问题有强烈的兴趣时才能获得的。

一个学生想要在学习上有所进步和创新,就需要对学习感兴趣,并愿意把所有的精力都投入到学习中。生物学家达尔文、华罗庚、阿波莱顿的电离层是如此。

物理学的世界是个谜,物理实验中有许多稀奇古怪的物理概念,物理学的发展史上有许多事实,说明人们对科学的无限好奇心和激情都能激发出强大的创造力。因此,在大学物理课上,应充分运用实验与电化教学相结合的教学手段,运用形象、生动、情景等手段,并通过不断地创造问题的情境,激发学生对所学知识的浓厚兴趣。

在接触物理的时候,教师要让学生进行一些觉得新奇、有趣的实验,使他们能够更好地了解所学的物理课程。教师可以自行设计实验,也可以根据课本上的教学内容对学生进行实验。

在新课的引入中,教师可以提出一些问题,这些问题是学生们所不能回答的,也是他们急需回答的。还可以在其中加入一些有趣的物理历史。在面对创新的时候,教师也要让学生明白,偶然的小发现能带来伟大的发明。要培养学生善于发现线索、全力追寻线索、发掘线索,从多个视角去观察、去调查,寻找新的思路、方法。

(二)善于提问,巧妙设疑,培养学生的创新能力

教育教学实践告诉我们,一切创新都源自问题的提出,让学生在问题中学习,在每件事情上多问几个问题,在思维上要善于思考、要勇于探索、要把问题引入课

①王晓鸥,张伶莉,应涛.大学物理学教学指导 第2版[M].北京:机械工业出版社,2022.

堂,增强问题意识,这是培养学生创造力的重要有效方法。

1.鼓励提问,培养学生的创新意识

教师在课堂上提问时,他们常常什么都不问。这说明了学生在学习过程中依然是消极的、被动的。学生之所以不能提出高品质的问题,一个很重要的原因就是他们不能积极地思考,就像孔子说的:“学而不思,思而不学。”也就是说,自古以来,就不乏敢于发问、善于提问的人。只有勇于提问,才能不断地提高自己的学习能力,不断地充实自己的知识,为人类的发展作出杰出的贡献。但是,在实际操作中,其更多的是以教师的提问和学生的答案为主。

教师在面对学生的问题时,常常会有“两种担心”:一是担心自己的教学策略会被打乱;二是担心自己不能回答问题而影响自己的形象和名誉。这样,教师就不能激发学生的好奇心。因此,必须摒弃传统的“一言堂”教育思想与方法,更新教育观念,构建和谐的师生关系。要营造一个民主、平等、和谐的学习氛围,培养学生的思考能力、提出问题的能力。

在实际操作中,要尊重学生的学习热情,以平等的态度与他们进行沟通,并对他们提出的问题进行认真的解答。当学生提出一些不合理的问题时,要确认他们的积极性,并协助他们分析不合理的理由。这样,问题就会被自觉地记在每一个学生的脑子里。此外,让学生在提问的量和质上进行较量,不但能激发他们的好奇心,而且还能激发他们的自信心,使他们从“想学”变成“要学”。

2.引导提问,培养学生的质疑能力

明代学者陈先昌曾说过:“小疑则小进,大疑则大进,疑者觉悟之机,一番觉悟一番长进。”但是,要想发问却不是一件简单的事情。尤其是关于创新的问题。这是因为,问题的威力和问题的新奇和创造性,能反映出一个学生的思维深度和知识层次。所以,在指导学生学习问题时,要特别重视培养学生的基本问题。关于这一点,我们将对下列问题进行讨论。

(1)因果法

当我们学习物理学时,常常会问,我们所见到的一切物理现象是如何产生的。举个例子,在我们坐火车的时候,从窗口看到了远景和近景,看到了前面的树木,看到了后面的树木。

(2)对比法

将同一对象的不同部位或对象的各种现象进行对比,或者将矛盾的解释、陈述或理论进行对比,可以发现与科技革新相关的问题。比如,在光学史上,光用几何光学的现象域就能很好地解释波和粒子论。而在这个范畴之内的现象,则证明了两个相对假设的预言。哪个假设是对的？这就产生了一个有待深入研究的问题。

(3)联系法

分析物理物体的关系，是一种解决物理问题的方法。比如，在法拉第的理论中，他从电与磁之间的对称性入手，提出了这样一个问题："既然电流可以制造出电，那就一定可以产生电流吗？"在工作了十年之后，他最终发现了法拉第关于电磁感应的理论。

(4)矛盾法

物理和理论的冲突是用来解决问题的。比如，按照亚里士多德的运动原理，一个物体在重力作用下坠落的速度是成比例的。事实上，在同一时间同一高度，两个不同质量的物体自由坠落，并以同样的速度坠落，这就产生了这样一个问题：是哪些因素影响了物体坠落的速度？

(5)变化法

如果一个物理过程的起因改变了，会怎样呢？从一次状态到二次状态，这是怎样改变的？在做练习的时候，可以用已知的和不知道的交换来解决问题吗？提出这些问题就是改变现状的途径。如此发问，即变化法。

(6)反问法

如果反其道而行之，问对了又会怎样？比如，在没有任何外力的情况下，所有的物体都会保持不动或直线运动。反之，一个物体在静止或在一条直线上移动时，会不会受到外力的影响？

在教室里，教师应给学生提供提问的机会。

学生可以在课前5分钟进行个人提问，如课前个人笔头提问、课堂上小组讨论笔头提问、同桌提问、班级举荐提问等，问题愈困难，愈能让学生参与。如果教师能将学生们的问题当作自己的教育之源，那么，问题就会非常吸引人，而且是必不可少的。科学地将问题归类，反思问题的价值，在课堂上引述课堂上所谈到的问题，对于突如其来的问题，加以借鉴或冷落，并对所提问题进行归纳、及时表扬，以激发学生的学习兴趣和热情。

鼓励和引导学生发问，使学生勇于发问、善于发问，形成良好的问题习惯，从而使他们能够独立思考、发现问题、解决问题。这样，学生才能真正地参与教学，在探究问题的同时，培养自己的创造力。

(三)深挖教材，改进教法，培养学生的创新能力

创造性能力是创新思维的重要组成部分，因此，要培养创新思维，必须运用创新思维的训练方法。

1.把教材的知识结构与学生的学习结构有机结合起来

把知识传递与思想培训相结合。在备课过程中,教师要从知识传递和技能训练两个层面进行知识结构的分析,明确教材的主体、关键点、知识点、知识网等。同时,要把握学生的学习节奏,了解学习的基础、认知能力、思维能力和心理特点,使学习结构和课本的知识结构相统一。

在教学过程中,教师并没有把学生带到知识的世界,而是把他们从知识的世界中带出来。因此,在教学过程中,教师必须寻找一种能激发学生积极思维的途径。常用的方式有以下几种。

(1)探究法

把课本上那些杂乱无章的概念变成问题,让学生用科学的思维方式来检验。

(2)自学法

根据学生的学习结构特征,将简明的教学内容留给学生自己去探索,使他们能够自主地获得知识。

(3)发现法

运用启发性的问题和实验来制造悬念,鼓励学生扩展发散式思维,归纳总结,从而产生创造性的学习。

(4)精讲法

课本中学生的发问难题,教师运用通俗易懂、明晰、合理化的方法,使学生获得知识的思路变得通畅。

(5)实践法

为学生设计附加的课堂实验,让他们自己动手、动脑,观察、思考,找到规律,得出结论。

2.运用物理学史资料,让学生体验和学习科学思维方法

物理的特色在于,很多科学家都是历史上的一分子,他们的探索精神、奉献精神、坚忍不拔的精神,给了他们极大的启迪,也反映了科学的认识论和方法论。

在大学物理教学中,教师要善于揭示物理工作者的思想历程,即重现知识的生成与发展,并引导他们循着以往的思维轨迹,让他们能够充分地感受到科学家的聪明才智和创造性的成功之道。其能很好地促进学生的创造性。

3.打破思维定式,培养发散思维

发散思维是一种高度灵活的思维模式,以已有的知识、经验为基础,从不同的层面、不同的视角、不同的层面去探索新的、多样的方法与结论。因此,在大学物理教学中,要做到循序渐进地培养学生的思维方式和习惯,必须做到以下几点。

(1)消除思维定式的消极作用

在回答物理问题时,大学生的思维方式常常是“死公式”,思想不够开阔,难以“标准化”课本上的问题。所以,不但要说明“正式”的问题解答,还要培养他们从多个方面来考虑问题。不然,僵化的思考不但令人厌烦,而且有时会使人产生错误的结论。

(2)通过一题多解,培养发散思维的能力

通过多次问题的求解,可以使学生从多个方面进行分析与解决,并促进创意思考的发展。这是一种训练学生发散性思考的普遍方法,其不但可以使学生的知识得到更大的运用,而且可以满足学生的好奇心,激发他们的兴趣。

(3)通过一题多变,变单向思维为多向思维

在复习课和习题课中,适当地使用多元的分析方法进行问题的处理,能开拓学生的思维,让学生的知识结构实现网络化,让学生的思维更加灵活、变通,更加具有创造性,从而得以全面发展。

4.正确处理好发散思维与收敛思维的关系

创新思维并非一种思维方式,而是一种新颖、灵活、有机地结合的发散思维与收敛思维。发散式思考与收敛式思考是对立和统一的,它提供各种假设、猜想和解法,而收敛式思考提供了解题思路。比如,设计一套测试空气中声音传播速度的程序,引导学生运用已学到的知识,进行分散思考,设计出不同的方案,再进行收敛式思考,即指导学生对不同的方案进行对比、筛选,最终确定最优的方案,让学生可以使用。

三、扎实开展课题探究是培养创新能力的重要途径

(一)注重课题探究,培养创新能力

探索性与接受性是两个基本的知识获取途径。当前大学物理教学中存在着太多的“接受式”,学生的亲身体验太少,这不仅影响了学生对知识的理解和掌握,还影响了学生的创造力。心理学研究表明,能力是由活动产生的,而各种能力只有在相应的活动中才能得到发展。培养学生的创造性,需要对某些问题进行研究。在这种情况下,学生在探究活动中要经历探究活动、享受科学的快乐、体验科学的探索、接受科学价值观教育等方面的教育。在教师所创造的现实环境中,学生会发现并提出问题,并作出合理的猜测和假定,再由他们自己设计研究计划,用自己的大脑去思考,去证明自己的猜测,最终找到一些物理现象和定律。研究的基本过程本质上就是一种科学的思考过程,在各个阶段都渗透着思维与想象的有机结合,体现

了科学方法的运用。在物理教学中，如果让学生根据这个过程进行探究，充分调动学生的学习兴趣，既可以增强他们的创新意识，又可以提高他们的创造力，让他们掌握科学的知识，让他们学会科学的方法，并让他们亲身经历科学的研究与解决问题的过程，从而形成一种实事求是的科学态度和勇于创新的科学精神。

（二）从实际出发，选取切实可行的探究课题

探究课题的选择对学生创新能力的培养起着决定性的作用。所选取的课题要综合考虑学生的知识、能力、调查时间、材料等因素，不能脱离学生的实际状况，也不能脱离本校的特色。

第四节　大学物理教学中学生创新能力培养的策略

一、进行有效的大学物理教学模式创新

要使学生的创新思维得到有效的发展，就必须抛弃传统的物理教学方式，对物理教学模式进行真正的改革与创新。在充分结合实验和创造性的基础上，对物理教学进行优化，把学生的认识特征和物理规律结合起来，在尊重学生的主体地位的情况下，让他们有机会展现自己，通过不断的讨论和交流，逐渐发展他们的创造力。在教学中，教师会主动地引导学生表达他们的想法，并以对物理的依赖为基础，逐渐培养他们的创造性。

（一）重视实验教育，完善教学设备设施

实验是物理和实践的前提。通过物理实验，使学生能够更好地了解物理现象，激发他们的学习兴趣和积极性，从而提高他们的科学素养，激发他们的探索精神和好奇心，从而促进他们在物理教学中的创造力。高校要实施新课程改革，加强物理教学设施的投入，加强硬件设施的建设，加强对学生的全面素质和创造力的培养。在此阶段，教师要把原来的物理演示实验转变为动手做实验，教会学生动手动脑，增强学生的感性意识，培养学生的观察与动手能力，让学生从被动学习变为积极探索，从而提高学生的创造性和思考能力。

（二）借助多媒体技术，更新教育模式

随着现代教育技术越来越多地被应用到教学中，多媒体课件在教学中的作用也日益明显。应用多媒体信息技术辅助教学，能有效地激发学生的学习兴趣，使学生产生强烈的学习欲望，从而形成学习动机，主动参与教学过程；使课堂信息量增

加,这样的教学方法是非常有效的,学生可以轻松地理解课堂的重点和难点,并且可以进行互动讨论。将多媒体技术应用于大学物理教学,能够很好地促进学生的创新思维。物理教师要充分利用多媒体技术,使学生对物理实验、物理现象、物理知识有更直观的认识。新的物理实验教学方式,既拓宽了学生的视野,加深了他们对物理的理论知识和实际操作的认识,也有利于培养学生的创新思维,有利于学生的全面发展。①

(三)设计教育情境,培养创新能力

情景教学是一种独特的教育方式,通过教学情景的设计,可以让学生对物理知识有更多的了解,同时可以培养他们的创造力。

(四)构建智慧课堂,减负增效

大学物理教育要考虑“减负”“增效”,确保高校的教学质量和进度。只有在更加科学、合理的选择上,才能实现“减负”和“效率”的统一。在备课期间,教师要结合教学大纲和学生特点,制订教学计划,做到针对性强。在课堂教学中,要根据学生的弱点和容易出错的特点,进行有针对性的讲解,真正做到解惑。在教学中要促进师生间的互动讨论,把原来的知识灌输转换为交流式的研究,从而培养学生的创造性。而在课后作业的设置上,教师要真正地尊重学生的不同,在保证学生的物理学习质量的同时,也要避免无谓的努力。例如,物理教师可以根据学生的专业能力,将他们分为不同的小组,根据不同的学习需要进行不同的作业,从而促进每个人的成绩和能力的提高。

二、提高物理教师的综合素养

作为一名教师,在课堂上只有充分发挥教师的作用,才能培养学生的创新思维。教师不仅要有较强的物理综合素质,而且还要不断地学习先进的物理知识,提高自己的专业技术,不断地更新自己的教学方式和方法,使学生充分认识到创造的积极作用,从而增强他们的学习积极性。

(一)提高教师对教育理论的认识,树立正确的学生观

教育理论是一套教育观念、教育判断或命题,通过一定的推理方式,对教育问题进行系统化的表述。第一,教育概念包括教育概念、教育命题、推理等。如果没有关于教育的观念和要求,只有对教育现象的描述,那么,即便是系统的,也只是一个关于教育现象的说明。第二,教育理论是对教育现象和现实的一种抽象的总结。从本质上讲,理论要比实际的事实和体验更为重要,因为它们是一种形式的描述体

①王旸,郃洁.数字时代大学生创新创业能力培养路径研究[J].中国就业,2024(06):63-65.

系，但其内容却是对教育的现实与体验的浓缩，并非直接地反映教育的现实与现象，而是间接、抽象地反映了这些。第三，教育思想具有系统性。如果没有某种逻辑上的辅助，一个单一的教育观念或教育主张，难以形成某种体系，甚至对事物的普遍反映，也不能成为一种教育理论。

科学的教育理论对教育的决策起到了引导作用，对教育实践起到了一定的规范作用。具体而言，人的行为是由思想决定的，而教师的教学行为又是由思想决定的，教育思想的确立是以教育理论为基础和先决条件的。在教育实践中，要合理地选择教育模式、策略和方法，必须从教育实践的角度出发，从教育的角度出发，合理地进行教育改革。任何与教育规律背道而驰的教育活动，都会在实践中遭遇种种问题，使其不能达到终极目的。同时，在教育实践中，教育行为的有效性与正向，还需要教育工作者对教育行为进行反思，并在教育理论的引导下，从理论上加以剖析，寻找其根源，从而提升和拓展教育主体的理性。

因此，教师在教学中既要注重积累教育经验，又要注重教学理论的研究。只有以理论为指导，把实践提高到理论水平，我们才能不断改进自己的教学行为，并为广大教育工作者提供可资借鉴的宝贵经验。

学生的主体性是大多数教师都认可的，但是要使学生的主体性在课堂教学中得以体现，还必须对学生有正确的认识。教育的目标是培养人才，而不是为了上大学或者获得学历，更不是为少数人提供精英教育。要相信每个学生都有自己的探索和收获的能力，要把重点放在每一个学生的能力提升上。要相信每一个人都有潜能，而创新思考的培养并非只是少数精英学生的专利。在课堂教学当中，培养学生的创新思维能力并不只是一小部分。在教学过程中，教师要注重对学生的能力培养。

（二）加深教师对物理教学的理解

大学物理教学既要教基础知识，又要注重学生的兴趣，使其主动投入教学中，从而增强其创新意识，从而提高其基础知识和技巧。物理教学的目标有三部分：知识与技能、过程与方法、情感态度与价值观。这就更加明确了，教育是以促进学生全面发展为目标的，要达到这个目标，就必须进一步认识大学物理教学。

第一，除了与考试大纲有关的课本内容外，还应注意物理学历史、物理学规律的阐明过程、物理学研究的主要方法、解决问题的方法、解决问题的思路、我们周围的物理现象和热点问题。

第二，让学生有充分的时间和空间去经历科学探索，运用物理学的基本理论和方法去解决某些实际问题。鼓励学生进行协作，并鼓励他们敢于表达自己的观点。

鼓励学生从理论上分析自己的观点是否正确,不要盲目地否定教材中的观点,而是要培养他们的思考方式和思考的态度,不要盲目地相信权威。

三、有利于培养学生创新思维的教学设计方法

(一)灵活运用理论知识,在教学设计有意识地培养学生的创新思维

在进行教学设计时,要明确学生的创新思维目标,并在教学中采用合适的教学手段,自觉地培养学生的创新思维。

1.拆分法

换句话说,通过将复杂问题分解为简单问题来研究。

大学物理是一门很难的科目,学生在遇到复杂的物理情境时,常常会产生畏惧心理,对所学问题知之甚少。教师可以把一个复杂的情景分成几个小的情景,然后指导学生去学。这样,很多学生就会容易入门,并形成一个新的思路。简单的情景还能让学生更好地把自己的知识构成成分联系起来,从而进一步形成自己的观点。

学生在学习问题时,很难从根本上思考,也很难有创意。所以,把复杂的问题分解为一些简单的问题,可以帮助学生对问题进行深刻的理解和思考,并能激发学生的创新思维。

2.归类法

把有各种特征的研究对象分类。

在大学物理教学中,存在着与之相近的学科特点,能够指导学生对其进行分类。

通过对某些具有类似性质的物体进行分类,可以使学生能够展开理性的想象,找到不同的相似性,从而打破思维的限制,提高其创新能力。

3.类比、对比法

将同一情境下或与之相对的问题进行类推。

由学生所熟知的情境激发出对相似或对立问题的反思,能促进学生的创新思维。在课堂教学中,可以指导同学进行对比,找出相同的地方,并进行恰当的类比,也可以将反面的情形进行比较,找出差异,进行恰当的对比。

通过类比、对比等方式,可以使学生从一个问题中产生联想,并不断地提出新问题,并试图加以解决,在此过程中,有利于培养学生的创新思维。

4.实践法

在一个特定的问题上,通过不断探索,把所学到的知识和方法运用到实际中去。

问题的解决并非一朝一夕之功，在解题的过程中，学生要不断地摸索和总结、纠正自己的错误，从而促使学生的创新思维得到发展。所以，在教学过程中，要正确地引导学生从错误、失败中吸取教训，并积极开发各种不同的解题方式，以此发展学生的创新思维。比如，在进行实验时，可以让学生分析需要完成的部分以及所需要的设备。这些设备在进行实验时会出现哪些问题，以及怎样进行调试才能解决。

当学生们遇到难题或瓶颈时，往往会失去自信，从而放弃对问题的探究，转而采取某些已有的方法。教师若能多创造一些情景，让学生在学习过程中不断地尝试各种方法，并能在困难时给予鼓励和正确的引导，从而使他们更好地去探索新的问题。长期来看，有助于培养学生自信心，培养创新思维。

（二）提出创造性的问题

在课堂教学中，提问是师生交流的重要手段，有效的提问可以激发学生的积极思考，并使教师更好地理解学生的思维发展。在教学过程中，教师要充分发挥这种作用，激发学生的学习动力，从而促进学生的创新思维。根据思考的本质，可以将问题大致分成两种类型。一是“软性”问题，也就是“开放问题”，这种问题不会只有一个正确的回答。二是刚性问题，也就是封闭问题，这种问题一般都是回答一个，而且这个问题的答案是固定的。所谓的“创造性问题”就是教师会问一些不确定的、可以引起学生思考的软问题。

当人们试图去解释一些物理现象，或者去探究、证实一些物理定律的时候，教师可以让他们去寻找更多的答案。当他们达到一定的水平，并了解了物理和实验仪器的用法之后，教师就可以让他们列出这些仪器的用途。

在大学物理中，很多概念彼此联系，很容易被混淆。有时候，研究对象所呈现的现象，其成因也是多种多样的，因此，可以让学生探究其成因。

教师在提问的过程中还应注意以下问题。

首先，教师的提问要与学生的知识和人生经历相符。教师所提问题要与学生所掌握的知识系统相对应，使其能够以现有的知识为基础进行思维，而不能使学生的思维成为一种空想。学生在使用现有的知识进行思考的时候，能够加深对原有的知识理解，还能根据自己的思路进行分析和解决问题。教师提出的问题只有结合学生的实际情况，才能让学生产生学习的兴趣，从而提高他们的学习热情。只有通过这种方法，学生才能从死板的教学模式中走出来，形成一个物理环境，建立一个物理模型，从而激发学生的思考能力，培养学生的思维能力。

其次，教师提出的问题要有启发意义。教师对已经讲过的知识进行简单重复的问题，只是一种检验学生对所学知识的记忆状况的一种方式，并不能说明他们已经掌握了所学的知识，也不能有效地促进他们的思维。所以，教师的问题，不能从课本或者笔记中得到，而是要让学生去思考，利用自己所学到的知识和方法去分析。只有通过这种方法，学生才能从死板的教学模式中走出来，形成一个物理环境，建立一个物理模型，从而激发学生的思考能力，培养学生的思维能力。

再次，教师要设置水平和提问。学生常常无法马上发现新的知识和问题。这个阶段，教师要给学生打下坚实的基础，先介绍一些简单的问题，再循序渐进，由浅到深。如果课堂上出现的问题超出了他们的能力范围，他们就会停止为寻找一个切入点，这与他们的提问目标背道而驰。所以，在较困难的情况下，我们可以把它分成几个等级，从简单到困难，从而让学生的思考能力逐渐加强。只有这样才能达到对学生创新思维能力的培养。

最后，要培养学生的独立思维和提问能力。教师提问时，学生都在思考，但都是被动的，教师的思维逻辑会指导他们。当然，这一步也很关键。但是，要真正提高学生的自主思维能力，最好的办法就是让他们多问几个问题。因此，我们要鼓励学生们去问一些非常有创造性的问题，即便是那些问题并不严格，也要帮助他们提高。因此，要鼓励学生们提问，尤其是富有创意的问题，即使问题中有一些不严谨的地方，也要加以鼓励和改进。

教师的问题是影响学生思考的重要因素。如果教师只对“是否”这个问题进行评判，那么学生就会习惯性地去揣摩教师的口吻和用意，而他们的思维也会脱离问题本身。教师提问时，若以问答形式提问，则会使学生养成死记硬背的习惯。如果教师提出的问题能够激发学生的思维，并激发他们的创意，那么即便创意不能很好地开发或者不能有效地解决已有的问题，也能促进更多的创意思考。

（三）布置培养创新思维作业

“作业”这个词语在家庭作业中的意思是创作，它的意思是“提示”或者“执行”，所以作业实质上应当是“创造学习”。教师提出的问题既要满足课程要求，又要符合学生的水准，鼓励学生根据自己的观点做出各种答案，创新思维作业要多样、刺激、富有挑战性、全面性等特征。

创新思维作业不能一成不变，要灵活多变，可以采取回答、口头陈述或试验等多种方式。比如，当你学会了一种知识之后，可以想象一下你生命中的什么现象可以被这个知识所解释。可以把这个现象告诉学生，说明它的原理，让学生参考，让他们有充分的时间来学习。而且，这个问题的回答并不局限于一个肯定的结论，还有很多种可能。根据学生的能力，有很多种不同的表达方式，没有对错的区别，这样就能解决个人的问题，并消除沮丧，因为他们都想从自己的回答中找出原因。举例来说，在研究动作组合与分解时，可能会被要求对某一动作进行分解，但是答案并非单一。此外，还可以让学生自行组合两个小节。另外，教师还可以设计一个试验来检验合成与分解的正确性。比如，可以让学生为达到特定的试验目的而设计一个试验计划。

创新思维的挑战是要让学生主动搜集、思考、发挥想象、发展综合思维、解决问题的能力。要能引起学生的兴趣，并主动收集材料，进行思考和讨论；作业要充分发挥学生的想象力，提高学生的综合思考能力、解决问题的能力。学生也许不能很好地了解这些原则，但是在思维的过程中，他们可以了解问题并将其带回家。

创新思维的任务不能只是一个让学生感到乏味的问题，要求运用各种知识和方式来解决那些激动人心、充满挑战的问题。教师可以运用已有的知识去研究一个问题，给予他们一些忠告或者恰当的指引，但是也要让他们知道，不要超出自己的权限范围。

作业是课堂教学的一项重要内容，要与课程紧密结合，教师布置的作业不能只是走个过场，而是要把教师布置的作业反映到课堂上。教师的创造性作业不能只是走个过场，而是要把教师布置给学生的作业反馈到课堂上。教师在教学中所设置的创新任务不仅要体现在教学活动中，还要体现教学过程中所设置的任务反馈。所设置的任务应该是与教学紧密结合的，教学实践中存在着很多有趣的现象，因此，教师要根据学生在不同的学习阶段所掌握的知识、思考的能力，在恰当的时间选择恰当的现象，并合理运用。选择恰当的时间和现象进行研究，使其与学生在不同的阶段所学到的知识和思考能力相匹配。

作业不必马上给出学生答复，但是要给学生留出足够的时间来思考，同时也要鼓励学生收集大量的有关资料。教师不能脱离课堂教学，要和学生共同努力，不越界，并给予恰当的指导。在讨论时，要敞开心扉接受学生的不同观点，多给予夸奖和鼓励。

参考文献

[1] 白旭峰.大学物理教学方法探索[M].北京:中国原子能出版社,2021.

[2] 陈修芳.大学物理分层次教学模式探索[J].科技视界,2018(11):128,121.

[3] 戴玉蓉.大学物理实验先修教程[M].南京:东南大学出版社,2021.

[4] 高路.大学物理实验教学研究[M].北京:冶金工业出版社,2023.

[5] 谷卓,高永浩,石薇,等.生活化物理实验在大学物理教学中的实践探究[J].物理通报,2024(6):14-16,21.

[6] 何志伟,刘丽.大学物理教学改革探索与实践研究[M].长春:吉林出版集团股份有限公司,2019.

[7] 胡国进.大学物理实验教学研究[M].延吉:延边大学出版社,2022.

[8] 解玉鹏,刘文彦,吉丽.大学物理线上线下混合式教学探索[J].吉林化工学院学报,2023,40(10):19-22.

[9] 李继武.大学物理教学改革及其创新发展研究[M].长春:吉林科学技术出版社,2022.

[10] 梁春恬,刘艳玲,仝乐,等."互联网+"环境下大学物理翻转课堂的探索与实践[J].广西物理,2022,43(3):74-80.

[11] 刘礼书.大学物理教学研究[M].延吉:延边大学出版社,2022.

[12] 刘婷婷,刘甲.大学物理教学理论与实践[M].上海:上海交通大学出版社,2023.

[13] 马磊.大学物理实验[M].重庆:重庆大学出版社,2022.

[14] 皮斌斌.分层次教学在大学物理实验课程中的实践研究[D].长沙:湖南大学,2020.

[15] 汪源源.大学物理教学改革与实践研究[M].北京:中国纺织出版社,2022.

[16] 王娜娜.高校大学物理教学改革与实践研究[M].长春:吉林出版集团股份有限公司,2021.

[17] 王晓鸥,张伶莉,应涛.大学物理学教学指导[M].2版.北京:机械工业出版社,2022

[18] 王旸,郇洁.数字时代大学生创新创业能力培养路径研究[J].中国就业,

2024(6):63-65.
[19] 魏彦平,胡冰,马自军.混合式教学在《大学物理》课程中的应用[J].兰州文理学院学报(自然科学版),2024,38(3):115-118.
[20] 辛督强,张建祥,罗积军,等.基于翻转课堂的大学物理实验分层次教学实践[J].西部素质教育,2020,6(2):115-116.
[21] 闫润瑛,赵正印,董新平,等.翻转课堂模式在大学物理实验教学中的研究[J].许昌学院学报,2022,41(2):151-153.
[22] 杨方.大学物理教学改革与大学生创新能力培养探索实践[M].成都:西南交通大学出版社,2022.
[23] 杨桂,邹春霞,李龙.通识教育教学改革研究与实践[M].重庆:重庆大学出版社,2021.
[24] 杨华.大学物理教学演示实验[M].北京:科学出版社,2022.
[25] 俞晓明,高虹,徐宁.大学物理导学案[M].上海:上海交通大学出版社,2023.
[26] 张立宏,雷慧茹.应用型高校以学为中心大学物理课堂教学探索[J].大学物理,2023,42(1):25-29.
[27] 张璐,张乐.简明大学物理[M].上海:同济大学出版社,2022.
[28] 张雪敏,蓝永康.大学物理实验指导书[M].西安:西安交通大学出版社,2022.
[29] 赵玉娜,马俊刚,王林杰,等.新工科背景下的大学物理实验教学方法探索与实践[J].科技风,2024(16):103-105.